U0318155

现在开始，一起学习种菜吧！

日常蔬菜
养护大图解

谢东奇 ◆ 著

海峡出版发行集团│福建科学技术出版社

放心蔬菜自己种

在家种菜，不必等到退休

因为"菜"而与东奇结缘。

初次听见东奇讲他正在推广"家庭菜园"时，就觉得这个构想很棒，不但可以让人体验种菜，还能让人享受生活乐趣。现代多数人常因不知如何下手种菜而作罢，故东奇萌生写书的念头，希望能把理论结合实际经验分享给大家，用简单的方法教授基本的观念，观念通了，自然种什么都容易成功，因此这本书非常值得家庭种菜爱好者或种菜初学者收藏。

自然的生活是大多数人所向往的。越来越多人希望自己在年轻时多打拼，等到老的时候买一块地，退休后自己种菜，享受田园乐趣。我们常在想："适地适种""身土不二"，人跟土地、植物之间的三角关系，一直是一个很奇妙的话题。土壤顾好了，养分增加了，植物长好了，营养也增加了，人吃了之后身体自然更健康。

以前人种的菜吃起来会有菜的香味，那是因为菜是慢慢长慢慢大，充分吸收土地与阳光的精华，营养也是慢慢累积的，自然就变得好吃了。

自己在家种菜，可以看到菜的成长过程，也可以学习如何与你的菜做好朋友，让自己的心灵沉淀下来，同时也能让家人吃到健康无污染的蔬果。心动了吗？聪明的你可以准备开始动手在家种放心蔬菜了。

沛芳综合有机农场

吴成富 洪静芳 夫妇

都市人也能"乐活栽"

　　小时候，外公家种茶，我跟着去，那是我与农业的第一次接触。

　　我家的后院有大片地可以种菜，在菜园里的时光，也成为我小时候深刻的记忆。菜园是我玩耍的基地，每到傍晚，妈妈还会要我去采些菜回来。这些在当时习以为常的生活，长大到台北上班之后，却显得格外珍贵，很怀念妈妈在厨房大喊："东奇，等一下拔些香菜回来。"

　　儿时的生活，影响着我长大后选择居住的环境，对我来说，不能种菜的房子不算是好房子，所以我决定从台北搬回桃园老家居住。

人人都能在家种放心蔬菜

回桃园后，看到爸爸享受种菜过程的喜悦，还把种菜的成果分享给邻居好友，让大家都能共享自己种的放心蔬菜。心想这种单纯的喜悦，不应该只有乡下人才能拥有，若让都市人在家也能获得同样的乐趣，甚至借由栽种达到释放压力的效果，那就更棒了。于是，我开始思索研究都市家庭种菜的可能。

人们三餐所食皆与农业息息相关，但大部分百姓却很少去了解农业。市场贩卖的菜是怎么种的？什么季节该吃什么蔬菜？怎样挑？买什么才安全？借由自己种菜来认识农业，除了可以吃到自种的放心蔬菜之外，更能体会食物的珍贵与价值。试想，由我们自己辛苦九十天种的包菜，你愿意卖多少钱？

都市种菜非难事

农业可说是一门深奥的产业，一人不能了解所有农事。本书除了分享农作知识与种植经验之外，更要感谢沛芳有机农场吴成富先生、福山有机农场谢源财先生、清心园有机农场宋辉云先生、乐活有机农场沈朝扬先生、耕心田有机农场黄照铭先生，以及出版社编辑、摄影师等不辞辛劳的协助，让本书顺利诞生。还要感谢桃园农业改良场以及桃园农会，提供农业专业知识与农业问题解决方法的渠道。

农事并非三言两语所能道尽，其中乐趣只有亲身体验的人能了解，因此平时除了种菜、演讲之外，见人就聊种菜事已变成我生活的一部分，期待以此能让更多人去了解种菜，实际体会农民生活，让栽种更有机、更公平、更环保、更健康。

目录
CONTENTS

第一章 新手种菜第一步

第二章 根茎、瓜、豆、果类

白萝卜

樱桃萝卜

甜菜根

球茎甘蓝

小黄瓜

青椒

豌豆

西红柿

第三章 结球、花菜、香辛类

大白菜

西兰花

包菜

辣椒

罗勒

青蒜

青葱

香菜

芹菜

韭菜

第四章 叶菜类

地瓜叶

红背菜

空心菜

小白菜

菠菜

茼蒿

上海青

芥蓝菜

木耳菜

叶用莴苣

第一章

新手种菜第一步

想要当个城市农夫吗?

想要拥有"阳台菜园"吗?

不用担心要从何下手,

准备好工具,检视家中环境,

把握日照、土壤、施肥、水分等要领,

让你一年四季在家就能采收蔬菜!

你家的日照充足吗

菜要种得好，首要条件就是要有充足的阳光，因为阳光是植物进行光合作用的重要条件。

全日照的蔬菜才能长得好

有些植物需要全日照，有些仅需半日照（如红背菜）。**对于大部分（几乎所有）的蔬菜来说，全日照是最理想的日照量。**所谓全日照是指一天的太阳直射时间达8小时以上；半日照则指一天的太阳直射时间达4小时左右。

都市种菜能选择的环境不多，不外乎阳台、楼顶、庭院等地方，楼顶只要不被较高层的邻楼挡住，阳光都相当充足，夏天甚至需要使用遮阳网来阻挡部分阳光，因此**楼顶是最理想的"都市菜地"**。但如果无法使用楼顶，也可以利用阳台的空间，但要多注意日照及水分条件。

▶ 全日照是最理想的日照量。

都市种菜的三大好地点

1 阳台

▲ 在阳台种菜，要特别注意日照与水分。

2 楼顶

▲ 楼顶只要不被邻近建筑物遮住阳光，是最理想的都市菜地。

3 庭院

▲ 庭院的理想条件就如同楼顶，只要日照不被邻近大楼遮蔽，也能成为理想的菜园。

不管选在哪里种菜，只要环境的阳光不足，就无法种好蔬菜，这时候了解种菜的"坐向"就格外重要。

我国位于北半球，所以大部分时间太阳在我们的南方，**因此朝南的方向是最适合种菜的坐向**。朝东南的位置，虽然只有半天的日照，但因为早晨阳光和煦、不强烈，对于蔬菜生长有正面的帮助，也是不错的选择。朝西的位置需要注意夏天的西晒问题，强烈的日照有可能会把蔬菜嫩叶晒伤，若是遇到阴天，那么一整天的阳光都会不足而不利蔬菜生长。朝北位置的阳光，常常会被自己的房子挡住，因此最不利蔬菜生长，是最差的种菜环境。

找出家中最适合的日照环境，才能开心地成功经营自己的实体小农场喔！

选对方位，决定种菜成功率

最佳的日照方位：南 > 东南 > 东 > 西南 > 西 > 北

北 难有充足日照，是最差的种菜环境。

西 夏天需注意西晒；阴天则会整天无日照。

东 仅有半日照。

西南 接近中午开始有日照。

东南 次佳地点，拥有半日以上的日照时间。

✔ 南 种菜最好的地点。

日落 —— 正午 —— 早上

种菜要用什么土

好的土壤是决定种菜成功的关键之一。不过，哪一种才是适合居家种菜的好土壤呢？让我们先来认识"一般土"与"培养土"的特性。

路边的土可以拿来种菜吗

山上的土、田里的土、河边的土、乡下的土，这些土我们统称为"一般土"。

一般土的土质成分因地而异，并非都适合用来栽种蔬菜。如果一定要使用一般土作为居家种菜用土，一定要慎重。河边的土容易有重金属污染，最好不要使用；如果乡下的亲朋好友已经有种植成功的土壤，而且没有使用农药或化学肥料，是最好的选择。但是一般土常常会有不明的虫、虫卵、病菌等，所以建议在使用前，先在大太阳底下暴晒5~7天彻底杀菌，再拿来使用较为安全。

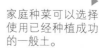 家庭种菜可以选择使用已经种植成功的一般土。

培养土太松软，植株站不稳，怎么办

我们常见的培养土，是近年来家庭园艺盛行后所特制加工成的土。培养土已经过消毒杀菌处理，干净无菌，很适合家庭园艺使用。在购买时，请选择大品牌的培养土，质量较为稳定。

但培养土也有些缺点，相同体积的培养土的重量只有一般土的1/4，可见培养土的重量很轻、质地很松软，因此在种植较大型的植物，如玉米、茄子、西红柿、青椒时，常会出现植株站不稳的情形。最好添加1/4~1/3的一般土混合使用，再加入1/10~1/8的有机肥当作基肥，如此才是适合种菜的土壤。如果种植生长期短的叶菜类，则直接以培养土种植就可以了。

▲ 培养土干净无毒，适合家庭种菜。

🌳 如何拌出软硬适中的土质

3

培养土

有机肥

1/10 ~ 1/8

一般土

1

▲ 土质比例参考。

步骤 1	取约0.5升的粉状有机肥置入盆器中。
步骤 2	取培养土20升加入。
步骤 3	再加入5升的一般土拌匀。
步骤 4	土拌匀后浇水，再撒入蔬菜种子。
步骤 5	将种子浇湿。

培养土与一般土的比较

	优点	缺点
培养土	• 干净无菌 • 质轻松软（是优点也是缺点） • 透气性佳，排水性佳 • 容易取得，方便使用	• 土质松软，植株易倒伏 • 较缺植物所需微量元素 • 保肥力较差
一般土	• 保水、保肥力佳 • 富含植物所需微量元素 • 土性扎实，植株不易倒伏	• 土质成分不明 • 长期使用农药化肥，土壤酸化 • 重金属污染严重 • 含病菌、虫卵、杂草种子的概率高 • 重量重 • 土壤容易硬化 • 透气性较差

看天种菜，才能快乐收成

　　古谚道"身土不二"，老祖先在这块土地生活了几百年甚至千年之久，饮食与土地已紧密地产生了良好的互动关系，什么时候种什么、吃什么已有一套先人所留下的经验。

食用当季在地蔬果

　　配合气候我们可以吃到最新鲜营养的当季蔬菜水果，而家乡的土地所孕育出的农作物，也足以提供人们日常生活所需的营养，这也与近年来被重视的"当季在地饮食""百里饮食"，与注入环保意识的"食物里程"所表达的意思相同。

　　由于交通运输的便利，我们可以很容易地吃到离我们几百公里，甚至几千几万公里远的食物。其实我们身体所需的营养，

绝对不需靠这些外来食物来提供，在地农民所生产出的作物就足够我们每日所需了，因此除了嘴馋、尝新之外，应更珍惜我们身边的"当季在地"饮食文化。

蔬菜适种月份表

虽然现在农业科技发达，想要吃什么蔬果都很容易取得，但还是建议食用当季的蔬果，才是最健康的养生之道。

蔬　菜	栽种月份	采收天数
青(甜)椒	1～6月	播种后50天
小黄瓜	1～6月	播种后40～50天，之后可陆续采收30～50天
辣椒	2～6月	播种后50～60天
罗勒	2～9月	播种后35～40天，之后可连续采收3～4个月
空心菜	3～10月	播种后30～35天
木耳菜	3～10月	播种后30～35天
球茎甘蓝	9月至翌年3月	播种后60～70天
包菜	9月至翌年3月	栽种后80～100天
茼蒿	9月至翌年3月	播种后30～40天，可连续采收1～2次
菠菜	9月至翌年3月	播种后35～40天
甜菜根	9月至翌年3月	播种后60～80天
青蒜	9月至翌年3月	播种后40～50天
大白菜	9月至翌年3月	播种后70～80天
西兰花	9月至翌年3月（初秋、初春最佳）	播种后80～90天
白萝卜	9月至翌年4月	播种后80～100天
香菜	9月至翌年4月	播种后30～40天
青葱	10月至翌年3月分株/全年品种	播种后50～60天，可连续采收数月
豌豆	10月至翌年3月（秋季最佳）	播种后45～50天，可连续采收至少40天
芹菜	10月至翌年4月	播种后40～45天
西红柿	全年	播种后60天，可连续采收1个月以上
小白菜	全年	播种后25～30天
芥蓝菜	全年	播种后30～40天
上海青	全年	播种后25～35天
叶用莴苣	全年	播种后30～35天
樱桃萝卜	全年（春、秋、冬季佳）	播种后30～40天
地瓜叶	全年可扦插（春季最佳）	扦插后30～40天
红背菜	全年扦插（10月至翌年6月最佳）	扦插后30～40天

注：以上表格，以本书介绍栽种蔬菜为主

蔬菜要喝多少水才够

种菜没有公式可循，但只要掌握重要原则，了解蔬菜需要什么、怕什么，给它们喜欢的东西，自然长得好。

浇水的三大原则

种菜新手最常有的疑问是：到底一天要浇多少次水？一次要浇多少水才够呢？把握以下三大原则，不再有浇水的困扰。

1 正午不浇水

土壤经过白天的日照后，吸收了热气，土与根都处在炎热的环境中。如果在此时浇水，在冷热交替之下容易造成植株根系受伤，进而影响生长发育。

2 水量要浇透

家庭种菜使用的盆器通常都不大，保水能力有限，所以浇水时尽量要浇透（浇到有水从排水孔流出），至少一星期要浇透水一次。

3 季节给水

夏天浇水两次（早、晚各一次），其他季节若白天无强烈日照，那么只需早上浇水就好；晚上若需浇水，尽可能直接浇至土里，让蔬菜叶面保持干爽，这样可以降低病虫害的发生。

城市农夫的必备工具

"工欲善其事，必先利其器"，好的工具，对种植绝对有帮助！

10种种菜好用工具

家庭菜园通常栽种的范围不大，因此您可以依据个人的实际需要添购或制作一些工具来使用。

ⓐ 铲子：用来翻土、混土、拌土、松土、移植等。

ⓑ 长嘴水壶：可一次浇透，给予植物充足水分。

ⓒ 喷水壶：喷雾状的喷头设计，出水力道较温和，适合蔬菜幼苗期使用。

ⓓ 水管喷水组：多样出水设计，适合庭院或楼顶等较大面积区域使用。

ⓔ 魔带、棉绳：用于固定植株于架设的枝条或支架上，帮助植株稳定成长。

ⓕ 蔬果名牌：可清楚标明蔬果名称、播种时间、施肥日期等详细状况。

ⓖ 剪刀：采收或修剪用。

ⓗ 纱网：盛夏日照太强烈时，可以盖上纱网减弱阳光。冬天或风大时，可以用来保暖、挡风。

ⓘ 枝条或细竹：适时地帮植株（如西红柿、辣椒、茄子等）竖立可攀附支撑的枝条，有助于植株的成长。

ⓙ 手套：带上手套可保护手部，保持手部清洁。

如何选择种菜的容器大小

栽种箱就像蔬菜的家，家太小会影响蔬菜发育生长，太大虽然无碍但会浪费空间，因此选择大小适中的栽种箱就成为家庭种菜的首要任务。

蔬菜种类决定栽种箱的大小

要使用多大多深的栽种箱得依植物来决定，我们可依栽种箱的大小（长x宽）、深度（高度、土深）来探讨。

1 生长期短的叶菜类

一般而言，部分叶菜类蔬菜（如小白菜、叶用莴苣、上海青、芥蓝菜等），生长期较短，30~40天即可采收，因此根系生长范围较小较浅，所以我们可选择可容深度12~15厘米的栽种箱来栽种。

▲生长期短的蔬菜，选用浅盆，反之亦然。

至于栽种箱的大小，得视栽种环境而异，通常阳台面积较小，楼顶面积较大，可依实际环境去选择栽种箱的大小，但是长宽不宜小于15厘米。

② 生长期为中长期的根茎、瓜果、结球类

根茎、瓜果类蔬菜，因生长时间较长，因此也需使用较深、较大的栽种箱来栽种，农场里栽种的丝瓜、苦瓜，地下根长可达数米。虽然家庭种菜的盆器较小，很难达到植物理想的需求，但是我们一样能种出品质良好的蔬果。

A 50~90天生长期
（如：萝卜、包菜、茄子、小黄瓜、西红柿等）

一般而言，栽种时间在50~90天的蔬果，我们会选择大小40厘米以上、深30厘米以上的栽种箱栽种。

B 90天以上生长期
（如：丝瓜、苦瓜等攀爬类）

生长期90天以上的瓜果类，需使用长、宽60厘米，深40厘米以上的栽种箱。

制作一个排水通气的栽种箱

选择栽种箱时，还需注意排水及通气等问题。家庭种菜常使用的盆器有花盆、泡沫箱、收纳箱、市售栽种箱等，不论哪一种，都需考虑土壤在栽种箱里的透气性与排水是否良好。

我们可以在栽种箱底部预先打几个排水孔，以防止植株根部因土壤积水而烂根、缺氧。最好土壤里有蚯蚓这个"好邻居"帮忙翻土，不但可使土壤透气，蚯蚓的排泄物（蚓粪）还是一种很宝贵的有机肥。

🥦 **种菜也要好"风水"**

蔬菜跟人一样需要有好的"风水"环境。我们在找房子时常常会考虑"风水"问题，相同的，我们的菜园如果也能考虑"风水"的问题，种出的菜一定更好。

减少四周杂物的堆放，保持菜园通风，可以促进植物呼吸作用，流通的空气可以帮助蔬菜换气，蔬菜就会长得健康，更可以减少病菌的滋生。

新手种菜，
播种好还是买苗好

要开始种菜啦！可是新手种菜是要先从播种开始，还是直接买苗来栽种呢？哪一种栽种方式的成功率比较高呢？

育苗培育法

蔬菜从种子发芽到长3～4片叶子这段时间，称为幼苗期。菜苗就像小婴儿一样，出生之后需要特别的照顾，以确保不被外在环境伤害。育苗最大的好处，就是能提供种子从发芽到长大成幼苗期间适当的生长环境，进而培育出健壮的菜苗。若直接用培育好的菜苗来栽种，那么就算是成功一半了。

除此之外，使用菜苗栽种也可以降低病虫害的发生。生长期短的叶菜类蔬菜从种子播种到成熟采收的时间为25～30天，而育苗时间为10～12天，因此用培育好的菜苗栽种，只需再两星期左右就可以采收了。这也是为什么每次台风过后，菜价大约在两星期后就能恢复正常的原因之一。

然而，都市菜地通常面积小，菜苗的需求量也较小，若无法自行育苗，也可以向各地种苗店购买。

🌱 自己育苗

1

▲种子先浸泡于温水中3～12小时（依各种子需求），可以杀菌并加速发芽的时间。

2

▲在穴盘或盆器中先放入培养土，并用另一个空的穴盘将土压实。

3

▲种子泡水后沥干，再开始播种。每穴放入1颗种子。

4

▲播种后，轻轻覆盖上一层薄土。

5

▲浇水浇透，勿用太强的水力浇水，以免把种子冲走。

6

▲将穴盘或盆器移至阴凉处，等发芽长出2片叶子后，再移到有阳光处。若使用大型栽培箱而不便移动，可以在箱上覆盖报纸，也具有相同的效果。

7

◀将幼苗移植到要栽种的盆器里，栽种深度以保证子叶在土上为准，勿植太深。

挑选菜苗小窍门

菜苗要如何挑选呢？只要符合以下三个标准，就是健康的菜苗！

1 菜苗两片子叶完整无黄化

2 菜苗的茎干粗壮

3 菜苗的根系洁白

菜苗哪里买

一般在传统市场或种子店、花市等地，都可以买到菜苗。

直接播种法

直播，顾名思义就是将种子直接放在菜园土壤里。直播的方法可分成撒播、点播、条播三种。

都市菜园栽种面积通常不大，建议使用点播的方式播种，成功率较高。种子从播种到发芽期间需要充足的水分，置于阴凉昏暗的地方，种子也较易发芽。

A 撒播

适用蔬菜 》 生长期较短的叶菜类蔬菜，如叶用莴苣、油麦菜、小白菜等

将种子均匀地撒在土上，撒播时不需要很精确地计算间距，待幼苗长到3~4片叶子时，再进行疏苗（过密的幼苗可先拔除食用）。株与株之间保持8~10厘米的间距。

B 点播

适用蔬菜 》 种子较大颗或生长期长（约3个月），如小西红柿、白萝卜、红萝卜等根茎类，以及瓜果类蔬菜

可用矿泉水瓶底，在土上轻压出一个0.5～1厘米深的浅穴，每穴放入种子3～5颗，待长出3～4片叶子后，只需留下一株最强壮的幼苗继续成长即可。

C 条播

适用蔬菜 》 空心菜、豌豆等

在土上划一条约3厘米宽、1厘米深的浅沟，将种子沿浅沟播种，如此种植出来的菜就会排列整齐。条播的方式其实用点播及撒播也通用，目的只是让蔬菜看起来较整齐。

你一定要知道的
种菜小常识

保持种子湿润

种子播种到发芽期间，要保证土壤的湿润及环境阴凉、通风等，避免让种子干燥、缺水，否则易降低发芽率，甚至不发芽。

插枝栽种法

插枝即是扦插栽种法，有些植物的茎有节点，在节点的部位会长出根，这类植物就适合用插枝的方式种植。

插枝

适用蔬菜 》 地瓜叶、红背菜、空心菜、木耳菜等

长大成熟的植株，剪取几段带有茎节和3～5片叶子的茎（15～20厘米），稍微倾斜地插入土里约10厘米深。保持土壤湿润，7～10天后植株渐渐会长根，吸收土里养分正常生长，这种栽培方式，很适合都市种菜。

🥦 扦插枝条小窍门

扦插是一种方便又快速的种植法，但是要如何挑选扦插的枝条？如何栽种呢？

步骤 1

▲ 侧芽。

▲挑选健康的植株，剪下健壮的枝条15～20厘米长，
最好挑选有侧芽的枝条来扦插，以加速生长。

步骤 2

▲修剪3个节点以下的叶子，方便插入土
里。

步骤 3

▲微斜地插入土里约10厘米深。

步骤 4

▲扦插之后要浇透水。

步骤 5

两周后长的根。

▲扦插7~10天后，即会长根。

新手栽种
第**8**课

种菜一定要施肥吗

植物生长所需的营养元素被世界公认的共有16种，包括碳、氢、氧、氮、磷、钾、钙、镁、硫、铁、铜、锰、锌、硼、钼、氯。其中碳、氢、氧主要由空气及水中取得，因此平时要保证浇水量以及土壤透气性，其他13种元素依植物生长所需量来区分。

氮、磷、钾
肥料三要素

氮、磷、钾在植物生长期间需求量很大，因此土壤常常无法充分供给，需靠肥料来补充，所以又称为"肥料三要素"。

1 氮，补充叶肥

氮，是形成叶绿素的重要成分，可以加速蔬菜茎、叶的生长，所以对于叶菜类的蔬菜特别重要。然而氮有溶于水的特性，平时浇水、下雨就容易流失，因此除了基肥（底肥）之外，蔬菜生长期间适当地追肥也是必要的。

但是氮肥的施用量太多或不足都是有害的。氮肥过多会有叶大而软弱的情形，蔬菜生长容易倒伏，而且抗病、抗虫害的能力都会变弱；氮不足则叶子会生长不良，叶色变淡。所以，必须根据蔬菜实际生长状况来决定需不需要施用氮肥。

2 磷，补充果肥

磷，是使果实肥大的重要元素，因此当我们栽种瓜果类植物时，磷肥就格外重要。磷有个很重要的特性是不溶于水，这点不同于氮、钾，所以当我们种植瓜果类、根茎类的蔬菜时，可以选择含磷成分较高的有机肥作为基肥。

磷不足，除了影响果实的生长之外，根的生长也会受影响，并且抗病、耐寒能力也会降低，影响蔬果生长。

3 钾，补充根肥

钾肥又称根肥，对根茎类植物来说特别重要，例如萝卜、马铃薯、地瓜等，若钾肥不足会影响其收获。

钾肥也会影响植物根系的生长，一旦不足，除了影响蔬菜生长之外，同时也会降低蔬菜本身的抗病力与御寒力；而钾肥跟氮肥一样有溶于水的特性，易因连日下雨而流失，因此除了基肥之外，适量地追肥也很重要。

4 钙、镁、硫，土壤含有的肥料

钙在土壤中的含量尚丰；而镁在酸性土壤中容易缺乏，可施用含镁的有机肥补充；硫则是最足量的。

5 铁、锰、锌、铜、硼、钼、氯，微量元素

作物对此微量元素需求甚微，但不可缺乏，一般而言有机质含量高的土壤中，微量元素较不缺乏。多施有机肥可渐渐改善劣质土的土壤环境。

植物营养元素的缺乏症状

成分	症　状	改善方法
氮N	• 植株生长缓慢，茎叶细小，果实变小 • 由老叶开始变黄绿色再转黄色而枯萎 • 氮素过高造成果树徒长，落果严重，产量降低	• 土壤pH＞6.7，勿施用石灰，可减少氮肥的流失 • 施用肥分低的腐熟堆肥，如树皮、落叶
磷P	• 生育初期即可发现由老叶发生症状 • 叶片变小成暗绿色，或因花青素累积而略带紫红色，无光泽且生长缓慢	• 施用有机肥料，分解产生有机酸 • 叶面喷施液态磷肥 • 接种菌根菌及溶磷菌
钾K	植株生长缓慢，老叶叶缘及叶尖出现白色或黄色点，继而坏死	• 分多次追肥 • 叶面喷施液态钾肥
钙Ca	• 茎的先端或嫩叶呈现淡绿或白色，老叶仍为绿色，严重时生长点坏死 • 嫩茎部分发生木质化 • 根的尖端生长受阻	• 酸性土壤施用农用石灰 • 注意灌溉，补充水分

镁Mg	• 由老叶的叶脉间开始黄白化，但叶脉仍维持绿色 • 易出现在果实附近的叶片 • 果树提早落叶	• 酸性土壤施用农用石灰 • 注意钾肥及钙肥的平衡
铁Fe	• 新叶叶脉间黄白化，但侧脉仍为绿色 • 新生叶片小型化，新芽生长缓慢甚至停止	• 使用完全腐熟的有机质肥料
锰Mn	• 由新叶开始出现症状，叶小、萎缩 • 叶脉维持绿色，叶脉间黄化略呈现透明	• 使用完全腐熟的有机质肥料
铜Cu	• 新叶及生长点黄化，生长受阻 • 茎叶软弱变青色，树干及果实分泌黏液	• 使用完全腐熟的有机质肥料
锌Zn	• 新叶有黄斑、叶小症状	• 使用完全腐熟的有机质肥料
硼B	• 新梢变形，顶芽枯死，生长点停止生长 • 果实畸形，果皮变厚，种子发芽不全	• 使用完全腐熟的有机质肥料
钼Mo	• 老叶叶脉黄化，叶面成斑状黄化，严重时造成落叶 • 叶面凹凸卷曲，成杯状叶	• 使用完全腐熟的有机质肥料

🥦五大重点，教你给对肥料

蔬菜要施多少肥，得视蔬菜种类、土壤及蔬菜生长状况而定。掌握住五大重点，就能适时地给予蔬菜营养。

1 掌握施肥时间

有机肥属于缓效性肥料，不易造成肥伤，影响蔬菜生长，因此施肥要把握"少量多次"的原则。

播种后7~10天施一次有机肥，一般生长期短的叶菜类（约30天可采收）于播种前一星期多施有机肥当基肥，如此于生长期就不用再追加肥料，或视蔬菜生长状况而适量追肥。

2 施肥后要覆土

取适量有机肥于叶下方（离茎部稍远）的土壤中施用，施肥后最好以土覆盖，避免太阳暴晒或引来小虫。

3 施用有机肥

有机肥分为液态有机肥（液肥）、粉状有机肥（粉肥）、粒状有机肥（粒肥）三种。以蔬菜吸收速度来看，液肥吸收最快，其次粉肥，粒肥最慢。若以含肥量来看，粒肥最高，粉肥其次，液肥最低。三种肥料各有特性，家庭种菜可择其一或选两三种轮流施用更好。

4 在土壤中拌入基肥

播种或移植前一星期左右，于土壤中施用有机肥并充分混合，可提供蔬菜初期所需养分，这种有机肥称作"基肥"。种植瓜果类、根茎类的蔬菜时，可以选择含磷比例较高的有机肥作为基肥。

5 适时追肥

各种蔬果在不同的生长期中，常常需要补充额外的养分，来维持良好的生长状况，这种补充施用的肥料就叫作"追肥"。肥分需求大的蔬菜有：包菜、空心菜、球茎甘蓝、西兰花、青蒜。

在家堆肥，
天然省钱又环保

在家堆肥除了环保之外，还能改善土壤，使土壤团粒化，增加排水性。因此若能学会堆肥，不但环保有趣，同时也能节省开支。

利用厨余
就能自制肥料

只要是生物性（动物、植物）的材料一般都是可以用于堆肥的原料。但是居家堆肥建议使用植物性材料，平时较易取得的材料有树叶、果皮、菜叶、杂草等。

无论是通气式或密闭式堆肥，平时都要保持湿润（可将土握在手心用力捏住，感觉有水快要滴出来的样子），促使微生物繁殖；大约1个月后土表会有温热感，这说明发酵正在进行，此

▲吃剩的果皮都是堆肥最好的原料。

时可重复堆肥步骤，持续将厨余等材料往上堆叠。一般夏天3~4个月，冬天5~6个月就可以完全腐熟使用了。一般居家堆肥建议使用通气式堆肥方式较佳，因密闭式堆肥方式较容易产生恶臭异味。

自己堆肥

1 通气式堆肥（又称"好氧堆肥"）

使用 》通气度高的容器，如：麻布袋、市售通气式堆肥桶　**菌种** 》好氧菌
原理 》使厨余等材料与空气充分接触　　　　　　　　　　**堆肥时间** 》比较快，3～4个月
成果 》粉状有机肥

▲准备一个通气式堆肥箱，运用"三明治"的原理，先倒入一层薄土约3厘米后铺平。

▲再放入收集好的厨余，铺上10～15厘米。

▲在厨余上均匀洒上好氧菌，再用土将厨余完全覆盖住，约3厘米厚。

▲土稍微压实，然后浇水，3～4个月后即可使用。

2 密闭式堆肥（又称"厌氧堆肥"）

使用 》市售密闭式堆肥桶　　　　　　　**菌种** 》　厌氧菌
原理 》隔绝外界空气　　　　　　　　　**堆肥时间** 》　较慢，4～5个月
成果 》以液肥为主，最后产生湿润的有机肥

▲于市售厨余桶的底层先覆盖上一层土，并铺平。

▲放进厨余约10厘米。

▲在厨余表面上均匀地洒上厌氧菌。

▲以土覆盖住厨余约3厘米。

▲用手稍微压实后再浇水，只要保持湿润即可。

▲盖上盖子前最好先覆上一层保鲜膜或棉布，使其紧密度更佳。

如何防治病虫害

家庭种菜当然是要栽培有机蔬菜，但有机蔬菜最棘手的问题就是病虫害，因为不施洒农药，所以一旦发生病虫害往往不可收拾。不过，我们还是可以通过一些简单的方法将危害降低。

做好防治工作杜绝病虫害

只要平时种植时稍加注意以下几点，就能大大降低病虫害的发生。

1.注意环境卫生，清除杂草、病株，减少病原繁殖的机会。

2.利用农用石灰粉，调整土壤pH在5.5～6.5，以提供有益微生物生长环境。

3.采收后翻土、暴晒可以杀菌，消灭病虫害。

4.栽种当季作物，可避开病原侵害时间。

5.保持良好的通风环境，避免蔬菜生长过密。

6.采用轮作的栽培方式。

▲ 虫会吃的菜，才是安全的蔬菜。

🌳利用轮作，减少病害

植物的栽培方式有连作、轮作和间作等三种形式，栽种方式不同，病虫害发生的程度也不同。

1 连作

连作是指在同一土壤，持续种植单一或同科属的植物。连作易引起土壤养分不平衡，诱发微生物相改变及土壤病虫害或有毒物质积聚。目前已知**连作是许多病害发生的原因之一**，例如西红柿青枯病、芹菜萎凋病等。

2 轮作

轮作是指在同一土壤，有计划地轮流种植不同品种或不同科属植物。目的是预防病虫害和抑制杂草丛生，并改善土壤肥力。

轮作是预防病虫害的最佳方式，以浅根性与深根性轮作，根茎类与叶菜类轮作，十字花科与非十字花科轮作，葫芦科及茄科与葱、姜、蒜、韭轮作等。

3 间作

间作是于同一生长季节，将两种作物交互栽培于同一土壤的栽种方式；或是在主要作物两旁栽种其他作物。此法可以减少病虫害攻击主要作物的概率。

若家庭种菜，栽种箱有足够的空间施以间作（混作）栽种，要注意植株的成长高度落差，避免植株高的蔬果（如：辣椒、青椒等）挡住阳光，造成较矮小的蔬菜无法得到充足的日照。还要**避免混种同科属的蔬菜**，如同是茄科的辣椒或青椒。

利用小资材，消除虫害

除了事先的预防，一旦遇上虫害，我们还可以利用一些园艺资材来防治。

1 捕杀

使用黄色粘虫板捕杀，较安全卫生。

▲黄色粘虫板。

2 遮蔽

瓜果类蔬菜可套袋，防止果蝇叮咬所产生的地病害，或自制网子做成简易网室，隔绝虫害。

▲套袋防止果蝇叮咬。

3 除草

可用黑色杂草抑制席或干稻草将表土覆盖，降低杂草的生命力，待采收后再一并将杂草除去。

4 苏云金杆菌

苏云金杆菌是一种胃毒剂，对小菜蛾、毛虫有效，属于有机栽培可使用的安全微生物，大多使用于栽种十字花科作物上。

5 天然驱虫防病剂

自制天然驱虫防病剂，如辣椒水。也可直接购买如木醋液、苦楝油、白僵菌等天然驱虫防病剂。

🥦 自制天然驱虫剂

利用薄荷、辣椒、大蒜等具特殊气味的材料，自制成驱虫剂，可以有效赶走虫害；或是将两种材料混合使用，例如"辣椒液＋大蒜汁"，对于驱离毛虫有不错的效果。

步骤 1

▲准备适量的辣椒及大蒜。

步骤 2

▲放入果汁机中搅拌打碎。

步骤 3

▲可适时加入一些水，让搅拌过程更顺利；水不要加太多，以免影响驱虫效果。

步骤 4

▲大蒜辣椒水用滤网滤过残渣。

步骤 5

▲将大蒜辣椒水装瓶，直接喷洒于菜叶上使用即可。

小贴士 建议驱虫剂制作后尽快使用完，不要放置太久，以免降低使用效果。

现在市面上销售的驱虫液如辣椒水、木醋液、苦楝油、酿造醋等，只要再加水稀释即可方便使用，对于一些病虫的防治都有一定的效果。

辣椒水 可防治蚜虫类、蜘蛛、蚂蚁。

大蒜汁 可治蚂蚁、蚜虫。

酿造醋 以1/4瓶酿造醋浸泡大蒜，可防治蚜虫、蚂蚁；以1/5瓶酿造醋浸泡辣椒，可防治蚜虫、蚂蚁、甲虫类、菜粉蝶。

木醋液 通过干馏稻谷与阔叶树枝取得浓缩液，稀释100～200倍使用。可防治蚜虫类、白粉病、霜霉病、立枯病。

樟脑油 对害虫有效，但需避免浓度太高及次数过多。

苦楝油 可防治蚜虫及夜蛾。

薄荷水 可防治蚂蚁、蚜虫、蛾类。

烟叶水 可防治蚜虫、蜗牛、叶蝉子、蓟马、潜叶蝇、线虫。

酒精水 稀释50～400倍，可防治蚜虫、介壳虫、蓟马、白粉病等。

常见病虫害及防治方法

栽种过程	成长天数	常见病虫害	防治方法
栽种前	0~10天	黑腐病	以温水浸泡种子，进行种子消毒
		黄曲条跳甲	与十字花科蔬菜轮作
			播种前可将水淹土3～5日把虫卵淹死，或把土摊开在阳光下暴晒
		地老虎	播种前可将水淹土3～5日把虫卵淹死，或把土摊开在阳光下暴晒
		立枯病	实施轮作，如十字花科与非十字花科轮作
			定期淹水，减少感染源
生长期	10~40天	斜纹夜蛾	苏云金杆菌
			随时摘除卵块
		黄曲条跳甲	黄色粘虫板
		小菜蛾	白僵菌
			黄色粘虫板
		银叶粉虱	黄色粘虫板
		霜霉病	避免氮肥施用过多，保持通风
			避免叶面潮湿

十字花科类蔬菜常见的青虫。▶

第二章

根茎、瓜、豆、果类

栽种步骤大图解

根茎、瓜、豆、果类蔬菜需要中长种植期，

辛苦栽培孕育下，更能享受甜美的果实。

你准备好了吗？

一起开始乐活栽之旅！

白萝卜

一年生草本

别名 》 菜头、萝白

科名 》 十字花科

栽种难易度 》 ★ ★

栽种月份表	1月	2月	3月	4月	5月	6月	7月	8月	9月	10月	11月	12月

栽种 ▶9月至翌年4月

疏苗 ▶栽种后14天

追肥 ▶栽种后14天

采收 ▶栽种后80～100天

🌿 特征 ▶▶▶

· 白萝卜俗称"菜头"，根是主要的食用部位，**含有大量淀粉酶，可帮助消化**。除了烹调，它还可以制作成菜脯干等酱菜，经济价值甚高。而菜头粿更是最具代表性的传统小吃。

· 白萝卜的根"深"长于土中，所以至少要耕作30厘米的深度，避免施过多基肥，并且需捡除土里的硬块或石头，如此可栽培质量较优的白萝卜。

· 白萝卜的**叶子含有丰富的维生素A及维生素C**。

· 在台湾，"菜头"与"彩头"发音相近，常被用来当作吉祥的礼物赠送，尤其是商店开张更可以象征"好彩头"的吉祥之意。

绿手指小百科

播种	春、秋季（9月至翌年4月）。
疏苗	栽种后14天（4～5片叶子），即可疏苗。
追肥	栽种后14天（4～5片叶子），施以有机肥，以后每10～14天追肥一次。
日照	日照要充足。
水分	保持土壤滋润，排水性佳。
繁殖	点播种子。
采收	栽种后80～90天（春菜头）；90～100天（秋菜头）。
食用	根。

🍅 栽种步骤 ▶▶▶

1 取种子先浸泡
取适量的白萝卜种子预先浸泡6小时。家庭种植白萝卜需要准备深一点的容器，至少要30厘米深，预留白萝卜的生长空间。

2 点播种子
种子沥干后准备播种。在土壤上用手指挖出一个洞穴，深度约1厘米，放入2～3颗种子，每一个穴的间距约20厘米。

▲植株的间距约20厘米。

3 覆土并浇水
放入种子后轻轻覆上一层厚约1厘米的薄土，并浇水至浇透。

4 发芽
5～7天后会长出子叶。

5 疏苗
大约14天后，在每一丛选择一株健壮的幼苗留下即可，摘除的苗不建议再另外移植栽种，避免因根系受损，日后发育不健全。

▲两棵植株过密，需疏苗。

▲进行疏苗。

6 追肥

因十字花科植物较容易有虫害，生长期应特别注意。另外，白萝卜种植前基肥不要放太多，容易造成根茎成长时裂开，每10~14天追肥一次即可。

▲约50天可以看到小小的白萝卜头露出土面。

7 采收

播种后80~100天，就可以准备采收白萝卜了。

QA 菜友问道

Q1 白萝卜有哪些虫害？要如何防治？

A1 白萝卜常见虫害有：青虫、菜粉蝶、黄曲条跳甲等，可用含有蛋白质成分的白僵菌来防治。这是一种安全的药剂，有机农业可使用。但是我们不食用白萝卜的叶子，因此只要虫害不是很严重，土里的白萝卜还是可以长得很好的。

Q2 如何知道白萝卜已经可以采收了？

A2 可以用手轻拨一下土，用手触摸部分根茎的表面，如果光滑表示可以采收了；若摸起来表面粗糙，有可能代表已经太老，或有空心状况。

◀ 播种后80~100天，可以采收萝卜了。

你一定要知道的
种菜小常识

排除石头，避免萝卜畸形

若采用一般土种植白萝卜，一定要在种植前先排除土壤里较大颗的石头（大于1元硬币的石头），避免白萝卜的根茎在生长时受到阻碍造成畸形。

另外，在冬季寒流来袭时，要记得防风，避免影响其生长。

樱桃萝卜

一年生草本

别名 》红姬樱、迷你萝卜

科名 》十字花科

栽种难易度 》★

栽种月份表

	1月	2月	3月	4月	5月	6月	7月	8月	9月	10月	11月	12月

栽种▶1~12月

疏苗▶10天

追肥▶12天

采收▶30~40天

🌿 特征 ▶▶▶

· 与白萝卜同属十字花科的樱桃萝卜，体型却差很多，白萝卜可达数千克，而樱桃萝卜却只有几克重。

· 樱桃萝卜是欧美各地最常见的萝卜，植株高约25厘米，地下有肥大的直根，大小如樱桃般，因而得名；因体积小，腌渍或鲜食均可。

· 因为樱桃萝卜属于直根性植物，所以栽种时最好采用直播，不要预先育苗，避免移植时受伤而导致地下根不肥大。

绿手指小百科

播种	全年皆可栽种，春秋尤佳。
疏苗	播种后约10天第一次疏苗；长4~5片叶子时，视状况进行第二次疏苗。
追肥	播种后12天（长4~5片叶子），施一次有机肥。
日照	日照充足。
水分	保持土壤湿润及排水性良好。
繁殖	点播种子。
采收	播种后30~40天即可采收。
食用	根。

1 取种子先浸泡
樱桃萝卜的种子要先泡水，<u>4~5个小时后再沥干水</u>，准备播种。

2 点播种子
以点播的方式播种樱桃萝卜的种子。先在土壤上挖出一小洞穴，每一穴内放置3颗左右的种子，每颗种子的间距约1厘米。

▲植株的间距约一个成人拳头宽度。

3 覆土并浇水
播种后，再轻轻覆上一层薄土，并浇水浇透。

4 发芽后适时疏苗
大约3天后，就冒出小绿芽了。<u>播种后约10天进行疏苗</u>，只要保留一株茎粗壮的幼苗，让它继续成长即可。

5 生长期可追肥

约12天就可以在茎的周围洒上有机肥，20天后再追肥一次即可。

6 成长

樱桃萝卜生长速度快，大约20天，就会露出红红的萝卜头。

7 采收

播种后30~40天，就可以采收可爱的樱桃萝卜了。

QA 菜友问道

Q1 为何我种的樱桃萝卜只长叶子？

A1 樱桃萝卜虽然四季都可栽种，但是夏季高温易使樱桃萝卜只长茎叶，而地下根部却不长大，此时可延长栽种时间至40天左右。

Q2 为什么我种的樱桃萝卜根部表皮会先裂开，然后里面的组织才开始膨胀，这算正常吗？

A2 种植萝卜最好保持稳定的湿度，尤其是在膨大期若忽湿忽干的，根部就会很容易裂开。

甜菜根

一、二年生草本

别名 》红菜头、火焰菜、根忝菜

科名 》藜科

栽种难易度》★

栽种月份表	1月	2月	3月	4月	5月	6月	7月	8月	9月	10月	11月	12月

栽种 ▶ 9月至翌年3月

疏苗 ▶ 栽种后12～15天

追肥 ▶ 栽种后15天

采收 ▶ 栽种后60～80天

🌷 特征 ▶▶▶

- 由于近年养生书籍的推荐，使得原本只有零星栽培的甜菜根，突然变成众人追捧的养生食材，并由于**抗病力强**，因此也**是家庭种菜的很好选择之一**。
- 甜菜根性喜冷凉，高温下块根不易肥大，生长会变得缓慢；最适合的温度为15～22℃之间。
- 在欧美地区是制造糖及有机色素的主要来源之一，在有机食品、有机化妆品、人体造血等医学上都有很大的用处。另外，喝完甜菜汁之后的尿液也会变红，可别大惊小怪！

绿手指小百科

播种	秋、冬、春季（9月至翌年3月）。
疏苗	叶长至4片时可疏苗，即播种后12～15天。
追肥	疏苗后即可施肥，之后约35天结球时再追一次有机肥。
日照	全日照。喜好冷凉，超过32℃以上生长较不良。
水分	水分需求大，但需等土壤干了再浇水。
繁殖	点播种子。
采收	播种后60～80天即可采收。
食用	根、茎、叶。

栽种步骤 ▶▶▶

1 取种子
取适量甜菜根种子。

2 点播种子
以点播方式播种，于每穴中播入3颗种子，<u>穴与穴的间距需25厘米以上。</u>也可以于穴盘中育苗后再移植。

3 覆土并浇水
播种后再轻覆上一层土，因<u>甜菜根的种子略有嫌光性，所以覆土约1厘米厚。</u>

4 疏苗
播种后3～7天，种子就开始萌芽。生长15～25天可在一穴中保留一棵最健壮的幼苗。

5 施肥
疏苗后即可施肥，之后约35天结球时再追施一次有机肥。

◀ 播种后3～7天发芽样貌。

▲植株生长过密，需进行疏苗。

6 成长

15~35天陆续长出新叶，待35~60天（8~10片叶子）时，基部开始长大膨胀。

▲生长期间，杂草要拔除。

7 采收

65~80天后，甜菜根大约长至一个成人拳头大小，就可以陆续采收了。如果暂时吃不了太多，可以先留在土里，让其继续生长约一个月也没关系，不会造成老化。采收期间要注意水分不能给太多，以免造成裂根。

QA 菜友问道

Q1　甜菜根如何食用？

A1　甜菜根是最近养生饮食中非常热门的食材，根据研究它含有抗癌的成分，可以连皮洗净打成果汁喝；也可以用于凉拌、煮汤、腌渍。嫩叶也可以取来用麻油清炒或煮汤食用。

Q2　甜菜根在养护管理上要注意什么呢？

A2　甜菜根其实少有虫害，但要留意蜗牛、蛞蝓等软件动物或者鸟为害，可以架高防治。在生长期间不要给予太多水分，以免造成烂根。若叶缘呈现黑褐色水浸状，就表示水浇太多，这时候就要停止浇水。

根茎、瓜、豆、果类

结球、花菜、香辛类

叶菜类

球茎甘蓝

一年生草本

别名 》 大头菜、结头菜

科名 》 十字花科

栽种难易度 》 ★ ★

栽种月份表	1月	2月	3月	4月	5月	6月	7月	8月	9月	10月	11月	12月

栽种 ▶ 9月至翌年3月

疏苗 ▶ 栽种后10～14天

追肥 ▶ 栽种后20天

采收 ▶ 栽种后60～70天

🌼 特征 ▸▸▸

· 球茎甘蓝俗称"大头菜",因其肥大的茎而得名。

· **球茎甘蓝性喜冷凉,春、秋两季最适合播种**。夏天高温时,肉质茎易产生纤维化现象,平时采收时要观察有无裂球的现象,一旦延迟就易产生裂球而影响品质。

· 生长期间要注意追肥周期,最好固定7～10天追肥一次,以免生长时期肥分吸收不均的现象产生。

绿手指小百科

播种	春、秋季(9月至翌年3月)。
疏苗	播种后 10～14天(长4～6片叶子)。
追肥	播种后20天,因肥分需求大不能断肥,最好每7～10天追肥3～4次,或以少量多次的方式施肥;采收前一周不施肥。
日照	日照充足。
水分	保持土壤湿润。
繁殖	点播种子或育苗,育苗可节省播种时间。
采收	60～70天即可采收。
食用	结球。

🍅 栽种步骤 ▶▶▶

1 选择播种或育苗栽种

球茎甘蓝可以使用点播种子或育苗栽种两种方式种植。一般市售球茎甘蓝种子有两种颜色，一种是带有杀菌剂的绿色种子，另一种是不含化学药剂的原色种子。建议尽量选购原色无杀菌剂的种子。

2 栽种方式

▲播种后覆土浇水。

A 点播种子

若直接以点播种子方式种植，先用塑料瓶底于土上压出凹穴，一处凹穴置入2～3颗球茎甘蓝的种子，种子间距约1厘米；穴与穴的间距为20～30厘米。播种后要覆上一层薄土再浇水。

B 育苗

在每一穴盘中置入一颗种子后覆土浇水，放置阴凉处。待发芽后长至6～7叶时，再移入栽培器里继续种植；苗与苗的间距20～30厘米。

▲苗与苗的间距20～30厘米。

3 疏苗

10～14天后，生长出4～6片叶时可进行疏苗，每一丛只要留下一株健壮的幼苗即可。

▶播种4～5天后就会发芽长叶。

▲疏苗前。

▲疏苗后。

4 追肥

移植育苗后，施以有机粒肥，之后每7~10天之后再追肥3~4次；采收前一周不施肥。

▲球茎甘蓝生长约10天。

▲球茎甘蓝生长25天。

▲球茎甘蓝生长50天。

▶ 球茎甘蓝生长55天。家庭阳台若阳光不足，会影响成株结球较小。

QA 菜友问道

Q1 我的球茎甘蓝生病了，还能采收食用吗？

A1 十字花科的虫害多，要尽可能保持结球的干燥，浇水需浇在土壤上，勿直接浇在结球上，可降低病虫害的产生。若病虫害不严重，还是可以采收食用。

Q2 要怎么知道球茎甘蓝已经可以采收了呢？

A2 一般若结球表面有裂开的情况，表示结球已经开始老化，而且结球裂开容易有病虫害，所以最好在尚未裂开之前就采收下来。但如何从结球的大小判断是否能采收，需视其品种而定。

▲生病的球茎甘蓝，产生一些斑点。

小黄瓜

一年生蔓性草本

别名 》刺瓜、胡瓜、花瓜

科名 》葫芦科

栽种难易度 》★★

栽种月份表	1月	2月	3月	4月	5月	6月	7月	8月	9月	10月	11月	12月

栽种▶1~6月

疏苗▶栽种后18天

追肥▶栽种后20天

采收▶栽种后40~50天

🌷 特征 ▸▸▸

- 小黄瓜果实表面有凸起的小刺，因此又叫"刺瓜"。小黄瓜的果实生长快速，通常会在一天之内就有明显的变化，因此必须注意采收的时间不可太晚。
- 小黄瓜所含纤维素，能促进肠道对腐败食物和有害物质的排泄，**抑制脂肪和胆固醇的吸收**，因此**有降低血液中脂质和胆固醇的作用。**
- 小黄瓜含有大量维生素C，具有美白功用，丰富的维生素E则能**防止肌肤老化**，常吃可以净化血液、养颜美容。

绿手指小百科

播种	适合于1~6月栽种。
疏苗	播种后18天可疏苗。
追肥	播种后约20天施有机肥，之后每10天追肥一次。
日照	日照须充足。
水分	必须保持土壤的湿润以及排水良好。
繁殖	点播种子。
采收	播种后40~50天可采收，可陆续采收30~50天。
食用	果实。

🍅 栽种步骤 ▸▸▸

1 浸泡种子
小黄瓜的种子<u>需先泡水8～12小时</u>，以利缩短种子发芽所需的时间。

2 点播种子
利用塑料瓶瓶底，在土壤轻压出约1厘米深的凹穴，再放入2～3颗种子，每颗种子间距约1厘米。

3 覆土并浇水
轻覆上厚约1厘米的土并浇水，从播种到发芽期间，要随时保持土壤湿润，避免过度干燥或排水不良。土壤过度干燥会影响生长。

4 疏苗
播种后5～7天，种子就开始萌芽了。<u>约第18天长至5～6片叶时，可以进行间拔疏苗</u>，留下一棵节点间距较短的苗即可。

▲发芽后要移到太阳光下照射，否则易产生徒长现象。

5 追肥立支架
等藤蔓生长约15厘米，就需要用支架支撑并使用绳子系住以供藤蔓攀爬。约<u>20天开始施有机肥</u>，轻撒在茎部四周后再以土覆盖，之后每10天再追肥一次。

▶
立支架让藤蔓攀爬。

6 开花

大约35天后，慢慢开出花朵。此时若无蜜蜂帮忙，可利用软刷毛或小毛笔，将雄蕊花粉沾上雌花蕊，进行人工授粉。

7 采收

授粉成功后7～10天，就可以采收小黄瓜了。

QA 菜友问道

Q1 为什么小黄瓜的根常常跑出土外？需要处理吗？

A1 小黄瓜属于浅根性植物，种植的土壤不用太深，但是面积要广，至少要30厘米×30厘米的种植面积。若根系露出土面，最好适时地补土覆盖，以免日晒或施肥时造成对根系的伤害。

Q2 市面上贩售的小黄瓜有直挺有弯曲的，在挑选上有什么差别吗？

A2 一般的小黄瓜最好挑选直挺一点的，小黄瓜之所以会弯曲，是因为肥分不足或不均导致。

Q3 小黄瓜明明是绿色的，为什么叫小"黄"瓜？

A3 因为小黄瓜的果色在成熟后会转变成黄色，因此称为"小黄瓜"。

你一定要知道的
种菜小常识

小黄瓜容易发生白粉病及炭疽病，防治的方式除了保持植株间的通风外，在浇水时也要特别注意不要将水直接浇在叶上。可自行喷洒木醋液，若病情严重则要请农业专业人员喷药处理。

青椒

一年生或多年生草本

别名 》甜椒、番椒

科名 》茄科

栽种难易度》★ ★ ★

栽种月份表	1月	2月	3月	4月	5月	6月	7月	8月	9月	10月	11月	12月

栽种▶1~6月

疏苗▶栽种后20天

追肥▶栽种后14天

采收▶栽种后50天

❤ 特征 ▸▸▸

- 青椒植株高40~60厘米，味甜而不辣，生吃、炒食均可。
- 青椒的**收获期很长，可达5~6个月之久**，若家庭栽种3~4株，便可常常吃到健康又营养的青椒。
- 青椒富含维生素A、维生素K，且含丰富铁质，有助于造血。其所含的维生素B较西红柿多，而所含的维生素C又比柠檬多。维生素A、维生素C都可增强身体抵抗力、防止中暑，所以夏天可多食用青椒，**促进脂肪的新陈代谢**，避免胆固醇附着于血管，能预防动脉硬化、高血压、糖尿病等。
- 青椒含有**促进毛发、指甲生长的硒元素**，常吃能强化指甲及滋养发根，且对人体的泪腺和汗腺产生净化作用。

绿手指小百科

播种	春季最佳，可于1~6月栽种。
疏苗	播种后第20天（4~5片叶子）可进行疏苗。
追肥	播种后第14天追施一次有机肥。
日照	日照要充足。
水分	等土壤干后再浇水。
繁殖	点播种子。
采收	播种后约50天即可采收。
食用	果实。

栽种步骤▶▶▶

1 种子先泡水
取适量的种子，于<u>种植前泡水8~12小时。</u>

2 点播种子
以点播的方式播种，每一穴放入3颗青椒种子，种子间距约1厘米；<u>每点的间距约30厘米。</u>

3 覆土并浇水
放入种子后轻轻覆上一层厚约1厘米的薄土，并浇水至浇透，至发芽前要保持土壤的湿润度。

4 追肥
4~5天后，就会开始冒出小绿芽。<u>待14天后追肥</u>，将有机肥轻洒在植株的四周，避免碰到根茎造成肥伤，施肥后以薄土覆盖更佳。

5 疏苗
<u>20天后疏苗，淘汰子叶已黄化的幼苗，</u>选择留下一株茎粗健壮的幼苗即可。

6 成长开花

青椒播种后35～45天会开出第一朵花。

7 准备采收

开花两周后开始结果，即可采收。

QA 菜友问道

Q1　为什么我的青椒都不结果？

A1　通常会开花结果的蔬果，都需要充足的日照量。此外，夏季异常高温也会影响结果率。

Q2　为什么我种植的青椒，还不到成熟期果实就掉下来了？

A2　这种情况称为"落果"。除了病害之外，其他原因有可能是肥分不足或太多，或长期处于高温的生长环境，都很容易造成落果。

你一定要知道的
种菜小常识

茄科蔬菜不能连作

茄科的作物绝对不可以与其他茄科植物连作或轮作，如青椒、茄子、西红柿等，须隔3～5年，否则易产生病害，也会降低产量及品质。

豌豆

一、二年蔓性草本

别名 》荷兰豆 、荷莲豆

科名 》豆科

栽种难易度 》★ ★ ★

栽种月份表

1月	2月	3月	4月	5月	6月	7月	8月	9月	10月	11月	12月

栽种▶10月至翌年3月

追肥▶栽种后20天

采收▶栽种后45~50天

🌸 特征 ▸▸▸

- 豌豆亦称"荷兰豆",由荷兰人统治台湾时传入因而得名。
- 豌豆植株分为高性、矮性,茎有卷须,花有白色、粉红色、紫色,当花盛开时看起来非常娇嫩柔和。
- 豌豆的茎、叶常常被当作休耕后的绿肥,其地下根部有根瘤菌,能有效固定空气中的氮素,有促进土壤肥沃的功能。

绿 手 指 小 百 科

播种	秋、冬、春季(10月至翌年3月)播种,以秋季最佳。
疏苗	无。
追肥	肥分需求大,20天后追肥,之后每10天再追肥一次,尽量多次少量。
日照	全日照,日照要充足。
水分	土壤干后再浇水,保持排水良好。
繁殖	点播。
采收	45~50天即可采收,可连续采收至少40天(视植物生长状态)。
食用	果实。

🍅 栽种步骤 ▶▶▶

1 浸泡种子
取适量的豌豆种子。播种前一天要<u>先泡水8~12小时</u>。

2 点播种子
播种前要先将泡水的种子沥干。以点播的方式播种，每一穴放入1颗豌豆种子。<u>每颗种子的间距约为20厘米</u>。

3 覆土并浇水
放入种子后轻轻覆上一层薄土，并浇水至浇透。

4 发芽
3~5天后，就会发芽。

▼ 豌豆生长第7天。

▲生长过密需疏苗。

5 疏苗
若植株生长过密，仍需疏苗，<u>最适当间距至少要20厘米</u>。

6 追肥

豌豆肥分需求大，20天后要追肥，之后每10天再追肥一次，尽量多次少量。约20天后，豌豆苗生长高至15~20厘米时，就要开始立支架，以防植株倾倒。

▲约35天后，开始开花了。

7 采收

开花过后再约20天就可以采收了。

QA 菜友问道

Q1 为什么老一辈会流传"豌豆怕鬼"这句话呢？是什么意思？

A1 这是因为根据种植经验得出的。单独种植一株豌豆并不会长得很好，必须把豌豆用条播的方式种植，或者是种植时让植株的间距密一点，才会长得好，也因此才有"豌豆怕鬼"一说。

Q2 豌豆的种子可以拿来种豌豆苗吗？如何种呢？

A2 可以的。先将豌豆的种子洗净，泡水一个晚上，之后将浮在水面上的种子挑掉，水倒掉后平铺在有孔的盘上，下层再放置水盘，盖上干净的湿布或盖子，放置阴凉处保持种子潮湿，使其自然发芽；待幼苗长至8厘米左右可以移至光亮处（但不能让阳光直射）；可继续水培或移植至栽种容器土耕，10~12天就可以采收了，一般来说土耕的口感较佳。

西红柿

一、二年生蔓性草本

别名 》番茄、甘仔蜜、洋柿子

科名 》茄科

栽种难易度 》★ ★ ★ ★

栽种月份表	1月	2月	3月	4月	5月	6月	7月	8月	9月	10月	11月	12月

栽种 ▶ 1~12月

疏苗 ▶ 栽种后14天

追肥 ▶ 栽种后20天

采收 ▶ 栽种后60天

🌱 特征 ▸▸▸

· 西红柿是蔬菜，同时也是水果。

· 西红柿品种繁多，**口味酸甜，富含番茄红素**，是大众化的**抗癌圣品**。烹调方式多样，生食、煮食皆可，加工品也在日常生活中常常见到。

· 西红柿喜欢温暖干燥，日夜温差大的气候，这有助于花芽的分化而增加产量。**日照需充足（日照约12小时）**，日照不足则开花结果不良，也容易造成落花枯萎的现象。

绿 手 指 小 百 科

播种	以春、秋季播种为佳。因西红柿品种多，所以每季皆有适合播种的品种。
疏苗	若以播种栽植，约14天后疏苗，保留一棵健壮的幼苗。
追肥	20天后，之后每7~10天再追肥一次。
日照	全日照，日照充足并通风良好。
水分	保持土壤湿润及排水性良好。
繁殖	点播种子或育苗。建议用育苗方式，可节省播种时间。
采收	大约60天即可采收，可连续采收一个月以上。
食用	果实。

🍅 栽种步骤 ▶▶▶

1 选择播种或育苗

新手建议可以先育苗后再移入栽培器中种植，或直接买西红柿苗来栽种。播种前将种子先泡水6～8小时，有助于缩短发芽时间。

2 栽种方式

▼4～5天就会开始发芽。

A 点播播种

用塑料瓶盖于土上压出凹洞，一处凹洞置入约2颗种子，种子间距约20厘米。播种后要覆土并浇透水。

B 穴盘育苗

先在穴盘中置入1颗种子后覆土浇水，放置阴凉处。待长到6～7叶时，再移入栽培容器里继续种植（定植）。

3 追肥

成长后西红柿长至约15厘米高时，最好立支架扶植，并用绳子绑于支架上，避免风吹。大约20天后可以开始施肥，之后每7～10天再追肥一次。

4 成长

生长期间可铺上干稻草，以有效抑制杂草生长，并且保持土壤湿润。

5 开花后结果

西红柿生长约40天后，会开出第一朵花，开完花后就会陆续结果。

6 采收

大约60天即可采收，在采收时最好以剪刀剪取，才能避免植物伤口感染；也尽量选择在干燥的天气采收，避免潮湿易感染病菌。

QA 菜友问道

Q1 西红柿的叶子为什么会卷卷皱皱的呢？

A1 西红柿的叶子卷皱表示已受虫害，西红柿容易招染介壳虫，可以把虫用手抓除丢弃，并将病叶直接剪除，千万不要用手摘叶，这样会造成植物的茎部伤口受伤。

Q2 什么是西红柿嫁接苗呢？

A2 嫁接苗是指利用其他植物的特性，来补足西红柿某些特性的不足，一般常见的是利用茄子的根茎部（约8厘米）来嫁接西红柿苗。利用此嫁接苗来种植西红柿，可以减少西红柿的病害，而且西红柿比较不怕湿、不怕干，生长得也会比较健壮，生长期较长，产量可以提高。

8厘米

西红柿苗。

茄子根茎部。

▲西红柿与茄子嫁接处。

◀西红柿嫁接苗。

第三章

结球、花菜、香辛类

栽种步骤大图解

台风过境，菜价上涨让你苦恼吗？

结球、花菜的残留农药，你会担心洗不干净吗？

不怕不怕，厨房里缺什么马上现摘，

新鲜、自然、省钱，立即上桌！

大白菜

一年生草本

别名》 包心白菜、山东白菜、结球白菜、卷心白菜

科名》 十字花科

栽种难易度》 ★ ★

栽种月份表	1月	2月	3月	4月	5月	6月	7月	8月	9月	10月	11月	12月

栽种▶9月至翌年3月

疏苗▶栽种后7大

追肥▶栽种后14天

采收▶栽种后70～80天

🌿 特征 ▶▶▶

· 白菜品种极多，一般分为小白菜与大白菜，小白菜指的是不结球白菜，而结球的白菜就称为大白菜。大白菜除了是火锅里的佐菜之外，也是腌渍泡菜的主要材料。

· 大白菜性喜冷凉，特别是在15～22℃之间最适宜栽培，品质也最好，因此不论是高温的夏天或寒流的冬天都会影响生长。因此若**冬天遇寒流，应稍作防寒措施以利大白菜生长**。

· 大白菜易感染病毒，进而引发软腐病（植株根部变软而发出臭味），所以栽种过程需特别注意蟑螂的危害，因为蟑螂是病毒传染的重要媒介。

绿手指小百科

播种	9月至翌年3月，初秋、初春季最佳。
疏苗	播种后约7天可疏苗。
追肥	播种后14天追肥，之后每7～10天再追肥一次，尽量少量多次；之后再追肥4～5次即可，但采收前一周不施肥。
日照	全日照，日照要充足且通风良好。
水分	土壤干后再浇水，保持排水良好。
繁殖	点播种子或育苗。建议用育苗，可节省播种时间。
采收	播种后70～80天即可采收。
食用	茎叶。

🥦 栽种步骤 ▸▸▸

1 选择播点或育苗
大白菜可以采用点播种子或育苗栽植。新手建议可以先育苗后再移入栽培器中种植，或直接买菜苗栽种，成功率较高。

2 栽种方式

▲播种后覆土并浇水浇透。

A 点播种子
每穴2颗种子，播种后覆土浇水。2~5天就会发芽，播种后约第7天就可以疏苗，每一穴保留一株健壮的幼苗即可。

▲2~5天就会发芽。

B 育苗
先在穴盘中每穴置入1颗种子后覆土浇水，放置阴凉处。待2~5天发芽后长到6~7片叶时，再移入栽培容器里继续种植。

3 栽种菜苗
轻取穴盘中的育苗，移植至要种植的盆器中。子叶要保持在土面上，栽种后将土轻轻压实，并浇透水。

▲生长第14天。

4 追肥

播种后14天追肥，之后每7~10天再追肥一次，尽量少量多次；之后再追肥4~5次即可，但采收前一周不施肥。

▲生长25天。　　▲生长40天。　　▲生长60天。　　▲生长70天。

5 采收

十字花科要特别注意虫害，特别是在大白菜开始要结球的时候，若此时有青虫跑进去被包覆住，就可能会被青虫啃食而无法包心结球。播种后70~80天即可采收。

QA 菜友问道

Q1 种植的大白菜，开始从里面的菜叶腐烂，但外叶都还很漂亮，这样还有救吗？

A1 属十字花科的大白菜，性喜冷凉气候又容易有虫害，若处在高温又通风不良的生长环境中，就很容易腐烂。若情况不严重且尚未结球，可以先把腐烂的部分清除，再按正常照顾就可以长出侧芽。若情况严重，只好丢弃重新栽种。

Q2 大白菜若还没开始包心，外围的菜叶可以先取来食用吗？这样会影响包心吗？

A2 若白菜尚未包心，就摘取外叶食用，会造成光合作用不足而影响结球的大小，且容易提早开花，建议不要摘取外叶先食用。

西兰花

一年生草本

别名 》青花椰菜、绿花椰菜、美国花菜

科名 》十字花科

栽种难易度 》★ ★

栽种月份表	1月	2月	3月	4月	5月	6月	7月	8月	9月	10月	11月	12月

栽种 ▶ 9月至翌年3月

疏苗 ▶ 栽种后10天

追肥 ▶ 栽种后14天

采收 ▶ 栽种后80~90天

🌷 特征 ▸▸▸

- 西兰花我们食用其花蕾，故称为花菜。
- 西兰花人称"蔬菜之王"，是营养学家、保健专家、医生都一致推荐的明星级蔬菜，因其抗癌功效一再被证明，所以得到如此美誉。
- 与其他十字花科蔬菜（小白菜、包菜、芥蓝菜、球茎甘蓝）一样都**含有异硫氰酸盐与大量的萝卜硫素，具有抗癌与抗氧化功效。**
- 由于近年研究显示西兰花的菜芽亦具有良好的抗癌功效，且栽培时间短（10天左右），因此也成为家庭蔬菜种植的热门选择。

绿手指小百科

播种	9月至翌年3月，以初秋、初春季最佳。
疏苗	播种后10天可疏苗。
追肥	播种后14天追肥，之后每10天再追肥一次，尽量少量多次；之后再追肥4~5次即可，但采收前一周不施肥。
日照	全日照。
水分	土壤干后再浇水，保持排水良好。
繁殖	点播种子或育苗。建议用育苗，可节省播种时间。
采收	播种后80~90天即可采收。
食用	花薹。

🥦 栽种步骤▶▶▶

1 选择播种或育苗

西兰花可以采用点播种子或育苗栽植。新手建议可以先育苗后再移入栽培器中种植或直接买菜苗栽种。

2 先拌入有机肥

因肥分需求高，所以在种植前要先在土壤中拌入含磷比例较高的有机肥料；2～3天后再开始播种。

3 栽种方式

A 点播种子

▲2～3天就会发芽。

每穴2～3颗种子，种子间距约1厘米，穴与穴的间距约30厘米；播种后覆土浇水。2～3天就会发芽，约10天就可以疏苗，每一穴保留一株健壮的幼苗即可。

B 育苗

▲植株间距约30厘米。

在每穴盘中放置1颗种子后再覆土浇水，待长至5片叶后，再移植到要栽种的盆器中。

4 栽种菜苗

将矮壮、茎粗的幼苗移植到要栽种的盆器中，植株与植株的间距约30厘米以上。幼苗植入盆器中后，轻轻压实土壤并浇透水。

▼ 生长第20天。

5 追肥

栽种后14天追肥，之后每10天再追肥一次，尽量少量多次；之后再追肥4～5次即可，但采收前一周不施肥。

6 准备采收

80～90天即可采收。如果花蕾颜色变黄，表示已经过了采收期，要开始老化了。

▲ 生长第90天，开花的样貌。

✕

▲生长45天左右，因日照不足，不易结花蕾。

QA 菜友问道

Q1 听说西兰花种在花盆里不会结花蕾？是真的吗？

A1 西兰花是可以种在花盆里的，但花盆要大一点，至少要使用30厘米（12英寸）盆，而且一盆只能种一棵，日照要允足，才会结花蕾。

Q2 西兰花在家种植难度高吗？养护管理上要特别注意什么？

A2 一般西兰花除了基本的水、肥、日照养护外，还要特别注意虫害的问题。因其属十字花科，非常容易遭受虫害，所以要做好防虫的措施。

包菜

一年生草本

别名 》高丽菜、甘蓝菜、结球甘蓝

科名 》十字花科

栽种难易度 》★ ★

栽种月份表

1月	2月	3月	4月	5月	6月	7月	8月	9月	10月	11月	12月

栽种 ▶ 9月至翌年3月

疏苗 ▶ 栽种后10~14天

追肥 ▶ 栽种后14天

采收 ▶ 栽种后80~100天

🌷 特征 ▸▸▸

· 包菜是春、秋、冬三季重要的蔬菜之一，因包菜性喜冷凉，在高温的夏天除了高山地区之外，平地栽培容易产生生长不良现象。幼苗期至外叶生长期间，对稍高温（25~30℃）环境有较强的适应能力；当生长到结球期时，便要求是凉爽的气候环境（15~22℃），高温会导致结球不良，甚至无法结球。

· 包菜对水分的需求量大，尤其是**结球期间**，更**需要较充足的水分**，因此需注意排水问题，避免因积水而造成根部浸水腐烂。

绿手指小百科

播种	秋季到春季（9月至翌年3月）。
疏苗	10~14天（4~6片叶子）。
追肥	一周施一次肥，幼苗成长至结球前追肥2~3次。
日照	全日照，至少要接受200小时的日照。
水分	保持土壤湿润度及排水良好。
繁殖	点播种子。建议用育苗，可节省播种时间。
采收	栽种后80~100天即可采收。
食用	结球。

1 选择播种 或育苗

包菜可以使用点播种子或育苗栽种两种方式种植。一般建议可以先育苗后再移入栽培器中种植，这样根系会较发达，栽种成功率高。

2 拌入含磷比例高的有机肥

包菜因肥分需求高，所以在种植前要先在土壤中拌入含磷比例较高的有机肥料；2～3天后再开始播种。

3 栽种方式

A 点播种子

先以塑料瓶底于土上压出凹穴，一处凹穴置入约3颗包菜的种子，种子间距约1厘米；穴与穴的间距约30厘米。播种后要覆土浇水，10～14天后，生长4～6片叶时可进行疏苗，每一丛只要留下一株健壮的幼苗即可。

B 育苗

先在穴盘中置入约3颗种子后覆土浇水，放置阴凉处。待4～5天发芽后长到6～7片叶时，再挑选健康的苗移入栽培器里继续种植。

▲4~5天发芽。

5 成长后采收

包菜生长至40天后，开始慢慢包心准备结球。生长80～100天后，就可以从根部切除采收结球。

▲生长35～40天的包菜。

◀生长约65天的包菜。

生长约75天的包菜。▶

4 生长期中要追肥

包菜肥分需求高，疏苗后即可追肥，之后10天再追肥一次，或5天追肥一次但量要减半，<u>幼苗成长至结球前追肥2～3次（结球后以氮钾肥为主）</u>，以促进球体坚实硕大。

你一定要知道的
种菜小常识

包菜苗最营养

　　采收包菜之后所留下的根茎部位，10～15天又能长出小小的包菜叶，这就是包菜芽（包菜苗），此时的嫩叶最好吃。经研究发现，它含有的活性抗癌成分比包菜结球高，由于产量少，在市场上是价高又抢手的好货，家庭种菜于采收后不妨试试。

QA 菜友问道

Q1　为什么高山的包菜比较清甜好吃？

A1　主要是因为温差大。高山的包菜种植在海拔2000米以上，夏日20℃是包菜最适合生长的温度，且日照足、辐射强；而平地夏天炎热，所以应该**秋播经过冬天后采收，春播待端午节前采收是最适当的时间**。

Q2　我种植的包菜为什么结球不完整？

A2　如果日照不足，有可能造成包菜的生长期拉长；**在生长期90天内须接受至少200小时的日照才足够**。另外，肥分不足也会造成结球不完整，此时必须要充足的阳光及适时的追肥，才会长成完整的结球。

辣椒

一、二年生草本

别名 》番椒、辣子、辣茄、辣角、辣虎

科名 》茄科

栽种难易度 》★ ★

栽种月份表	1月	2月	3月	4月	5月	6月	7月	8月	9月	10月	11月	12月

栽种▶2～6月

疏苗▶栽种后20天

追肥▶栽种后14天

采收▶栽种后50～60天

🌷 特征 ▸▸▸

· 辣椒属于浅根性作物，因此栽种时必须特别注意，不能让土壤长时间干燥，否则会影响生长。

· **辣椒性喜温暖气候，春、秋两季最适合栽种（尤其春天）**，低温（15℃以下）易使其落花落果，高温（35℃以上）易产生花粉不孕，从而导致落花落果的现象。

· 辣椒属喜光植物，因此除了发芽阶段外，其余生长期必须有充足的日照，才能促进枝叶茂盛，果实生长发育才会良好；否则易产生徒长、茎节长、叶片薄，生长不良而造成落花、落果、落叶现象。

绿手指小百科

播种	2～6月，春季为佳。
疏苗	播种后20天（4～5片叶子）可进行疏苗。
追肥	播种后14天，可施以有机肥。
日照	日照要充足。
水分	土壤干后再浇水。
繁殖	点播种子。
采收	播种后50～60天即可陆续采收。
食用	果实。

1 浸泡种子
辣椒可以直接播种或买苗来栽种。播种前取适量的辣椒种子，先泡水8～12小时,沥干水分后再播种。

▲辣椒苗。

2 点播种子
以点播的方式播种，每一点放入3颗辣椒种子，种子间距约1厘米；每个穴的间距约30厘米。

3 覆土并浇水
放入种子后轻轻覆上一层厚约1厘米的薄土，然后浇水并浇透，至发芽前要保持土壤的湿润度。

4 发芽
4～5天后，就开始冒出小绿芽了。

5 生长时期要施肥
播种后14天追肥，将有机肥轻撒在植株的四周，避免碰到根茎以免造成肥伤。施肥后以薄土覆盖。生长约20天后疏苗，淘汰子叶已黄化的幼苗，选择留下一株茎粗健壮的幼苗即可。

7 开花成长

辣椒播种后<u>约40天会开出第一朵花</u>，陆续开花也开始陆续结果。

▲辣椒开花样貌。

6 生长立支架

35～40天后，辣椒生长得直挺翠绿。此时要开始立支架，以防植株倾倒。

8 结果采收

开花两周后开始结果，辣椒的<u>果实会从绿色变为黑色再变成红色</u>，从播种至50～60天，就可以采收了。

▲果实会从绿色变为黑色再变成红色。

▲约50天即可采收。

QA 菜友问道

Q1　目前世界上最辣的辣椒是什么品种？又有哪些特别品种呢？

A1　目前世界上最辣的辣椒品种是"鬼椒"，但市面上较难购买，一颗种子市价约50元左右，植株更达100元。还有一些特别的品种，如"巧克力辣椒"辣度可比朝天椒更辣。

◀巧克力辣椒。

Q2　请问辣椒需要摘心吗？

A2　不需要。辣椒不用摘心，虽然摘心可以促进侧枝生长茂盛，但果实并不会生长更多，而且相对的肥料也会需要更多。

罗勒

一年生半灌木

别名 》 千层塔、七层塔、零棱香、九层塔

科名 》 唇形花科

栽种难易度 》 ★

栽种月份表

1月	2月	3月	4月	5月	6月	7月	8月	9月	10月	11月	12月

栽种 ▶ 2~9月

疏苗 ▶ 栽种后14天

追肥 ▶ 栽种后14天

采收 ▶ 栽种后35~40天

🌱 特征 ▸▸▸

· 罗勒因其老化会开花，状似层层叠起的高塔，因此也被称为"九层塔"。

· 常食用部位取其嫩梢、嫩叶；老一辈的人亦会在废耕时将其老化的茎、根头取下入药，据说对小孩发育长骨很有帮助，可说是从头到脚都有利用价值的经济作物。

· 罗勒味道极为特殊，在烹调上常为重要的配角，具有去腥增香的效果。**居家栽种时应常采收其嫩梢、嫩叶，如此可促进分枝生长。**

· 罗勒易开花，若不留种子，应随时摘除，以避免植株因开花而老化，并且可延长采收的时间，非常适合家庭种植。

绿 手 指 小 百 科

播种	2~9月，春季为佳。
疏苗	两周后疏苗，留下一株健壮的苗即可。
追肥	播种后14天追肥一次，之后每两个星期追肥一次。
日照	日照良好。
水分	水分需求大，夏天可在盆底放置水盘，每天早上加水，保持土壤湿润。
繁殖	播种或扦插。
采收	35~40天采收，可连续采收3~4个月。
食用	嫩茎叶。

栽种步骤▸▸▸

1 取种子
取适量罗勒的种子。

2 点播种子
将种子以约1厘米的间距直播于土壤上，同一点种下3~5颗种子。

3 覆土后浇水
水分需求大，<u>夏天可在盆底放置水盘</u>，每天早上加水，保持土壤湿润，最好早晚各浇一次水。

▲植株过密须疏苗。

▲播种后第10天。

4 发芽后疏苗
播种后4~5天就会发芽。<u>两周后疏苗</u>，留下一株健壮、节点距离短的粗壮苗即可。

5 生长期间追肥
播种后两周追肥一次，之后每两个星期追肥一次。

6 成长立支架
待植株长至10~15厘米后，可以<u>立支架以防止植株倾倒。</u>

7 采收

30～40天即可采收，可连续采收3～4个月。罗勒易开花，若不留种子，应随时摘除，以避免植株因开花而老化，并且可延长采收的时间。

▲50天的罗勒的开花样貌。

QA 菜友问道

Q1 罗勒需要常常摘心吗？

A1 当主秆生长到20～30厘米时，就可摘心采收，并随时摘除花穗，不使其开花，以促进分枝。开花前香气最浓，可采嫩梢食用。

Q2 罗勒可以用扦插的方式栽种吗？

A2 可以。剪一段罗勒枝条（要有芽点），老枝嫩枝皆可，将枝条插入干净的培养土盆里，将扦插的盆放到水里，水位差不多到盆的一半即可，放在阳光充足的地方，3～5天后即会长根了。不过要随时注意水位，若低于盆的一半即要补水。

你一定要知道的**种菜小常识**

罗勒品种大集合

一般比较常见的是红骨罗勒及青骨罗勒，大叶罗勒及斑叶罗勒比较少见。

▲红骨罗勒　　▲青骨罗勒　　▲大叶罗勒　　▲斑叶罗勒

青蒜

一、二年生草本

别名 》蒜仔

科名 》葱科

栽种难易度》★ ★

栽种月份表	1月	2月	3月	4月	5月	6月	7月	8月	9月	10月	11月	12月

栽种 ▶ 9月至翌年3月

追肥 ▶ 栽种后10天

采收 ▶ 栽种后40～50天

🌱 特征 ▶▶▶

- 蒜因收获阶段与食用部位不同而分为蒜黄（蒜瓣在遮光下催芽，其嫩芽称之蒜黄）、青蒜（生长前期，茎叶幼嫩时采收食用）、蒜球（植株老化，基部腋芽肥大成蒜瓣后采收），蒜的每个时期都能充分加以利用。
- 蒜含有蒜素，有杀菌、抗癌的功效，被视为**植物中的抗生素**，因此坊间有不少的蒜制品，如蒜精、蒜粉、蒜片等，甚至健康食品也常以蒜来当其原料。

绿手指小百科

播种	适合于秋、春两季播种（9月至翌年3月）。
疏苗	无。
追肥	播种后10天即可施有机肥。
日照	日照要充足。
水分	土壤干后再浇水即可。
繁殖	点播蒜瓣。
采收	播种后 40～50天即可采收。
食用	茎叶。

2 播种蒜瓣

将蒜瓣的圆底端往土壤轻轻下压，露出尖尖的一端即可。

▲蒜与蒜的间距至少10厘米。

1 挑选蒜瓣

可以在种子商店购买栽种用的软骨蒜头，挑选表面光滑饱满、无受损的蒜头来进行种植。将蒜头剥开取出蒜瓣，若瓣膜太多可剥除一些。

3 覆土并浇水

放入蒜瓣后轻轻覆上一层薄土，然后浇水并浇透。

4 发芽

约5天后，就开始冒出小绿芽。

▲生长7~10天。

5 追肥

大约10天后，绿芽生长得直挺翠绿；播种后10天再追肥一次即可。

▲ 在根的周围撒上适量有机肥。

6 成长后可采收

蒜成长40～50天后，即可全株采收了。

QA 菜友问道

Q1 为什么有人说种蒜头前要先泡水，或冰在冷藏室里再种？

A1 蒜头种植前不需要先泡水，之所以会有冰在冷藏室一说，是要破除蒜的休眠，可促进发芽。但这些方法都不太好，其实只要在秋季开始种植，发芽率是很高的，最好不要在夏季时种植蒜。

Q2 如何知道土里的蒜头已经结球，可以采收了？

A2 一般蒜头若有结球会高于土面，除非栽种时种得很深。只要把土拨开来看就知道了，轻轻地拨土不会伤害到根。或当叶子开始有干枯现象时，就表示可以采收了。

你一定要知道的
种菜小常识

种蒜要买软骨蒜头

蒜头分软骨跟硬骨两种。一般在菜市场买到的蒜头为硬骨品种，味道较香辣，适合食用；若要种植青蒜，要到种子商店购买软骨蒜头，种出来的青蒜会比较嫩。

青葱

一、二年生草本

别名 》葱、叶葱、水葱、葱仔、水晶管

科名 》葱科

栽种难易度 》★ ★

栽种月份表	1月	2月	3月	4月	5月	6月	7月	8月	9月	10月	11月	12月

栽种▶1～12月

追肥▶栽种后20天

采收▶栽种后50～60天

🌿 特征 ▸▸▸

· 葱是烹调料理上不可或缺的重要作料之一，用来提味或去腥，在日常生活中使用相当广泛。

· 《本草纲目》记载"葱初生曰葱针，叶曰葱青，衣曰葱袍，茎曰葱白"，很清楚指出葱的各部位名称。

· 葱虽易栽培，但因各品种对环境的适应性不同，所以栽培前应观察气候及生长环境等条件来选择品种。

绿手指小百科

播种	四季皆可，视品种而定。
疏苗	无。
追肥	播种后20天施一次有机肥，之后每7～10天追肥一次。
日照	全日照。
水分	土壤干后再浇水，排水要良好。
繁殖	点播。
采收	播种后50～60天即可采收，可连续采收数个月（视生长状况而定）。
食用	茎叶。

栽种步骤▸▸▸

1 浸泡种子
取适量青葱种子，于栽种前一晚先泡水8小时，隔天再沥干准备播种。

2 点播种子
以点播方式播种青葱种子。先在土壤上挖出一小洞，每一洞内放置5～8颗的种子，穴与穴的间距约一个成人拳头宽度。

▲4～5天发芽。

3 覆土并浇水
播下种子后，再轻轻覆上一层土，并浇透水。4～5天后，就开始冒出小绿芽。

4 生长期间要追肥
播种后20天施一次有机粒肥，之后每7～10天再追肥一次。

5 成长
播种后大约30天，青葱生长得直挺翠绿。

◀ 生长约50天。

6 准备采收

青葱60天的生长状态。之后可连续采收数个月。

QA 菜友问道

Q1 为什么要在葱苗上铺上一层干稻草?

A1 栽种葱常会用稻草覆盖其上,如此不但可以抑制杂草生长,促进葱的生长外,还可增加葱白的长度,在夏天还可以保水、冬天可以保暖。居家栽培可捡拾干净的干草、细树枝条来取代不易取得的稻草。

Q2 市场买回来的葱和红葱头,可以直接拿来种植吗?

A2 可以,直接以市场买的葱种植收成会较快。而红葱头种植出来的则是珠葱,比较细小,是不同的品种。

▲珠葱生长状态。

香菜

一、二年生草本

别名 》 芫荽、胡荽、香荽

科名 》 伞形花科

栽种难易度 》 ★

栽种月份表	1月	2月	3月	4月	5月	6月	7月	8月	9月	10月	11月	12月

栽种▶9月至翌年4月

追肥▶栽种后14天

采收▶栽种后30～40天

🌷 特征 ▶▶▶

- 其名称由希腊语Koris及Annon结合，Koris即是椿象，Annon是大茴香，因此被解释为"生叶具有椿象的臭味，而果实类似大茴香的一种植物"，因此欧美人士视其为臭菜，而在华人的饮食上，却是芳香调味的一种重要的作料。

- **性喜冷凉气候，耐冷不耐热，冬天为其盛产期。**15～20℃能栽培出最优良的香菜，高温生长缓慢（25℃以上），甚至停止（30℃以上）。居家栽种时，只要选择日照充足的区域栽种与轮作，就能轻易栽培出干净卫生的香菜。

绿手指小百科

播种	秋季至春季（9月至翌年4月）。
疏苗	无。
追肥	播种后14天施一次有机肥，之后每7天再追肥一次。
日照	全日照，日照要充足。
水分	保持土壤湿润并且排水良好。
繁殖	点播种子。
采收	播种后 30～40天即可一次采收。
食用	全株茎叶。

✄ 栽种步骤▸▸▸

◀ 剥开果实取得种子。

1 浸泡种子

因香菜属于调味用不需种植太多,取5~7颗香菜的种子即可。在播种前最好先将香菜的种子泡水，或者直接剥开果实取得种子再泡水。

2 点播种子

在土壤上用手指挖出一个洞，直径约3厘米，放入5~7颗香菜种子。

▲ 播种的穴直径约3厘米。

▼ 生长第12天。

3 覆土并浇水

放入种子后轻轻覆上一层薄土，并轻洒水至浇透。

4 发芽

种子播种后约7天就会发芽。

6 采收
播种后30～40天，就可以一次采收。

◀ 生长20天的香菜。

5 追肥
生长约12天的香菜姿态。播种后约14天施肥一次，之后每7天再追肥一次。

QA 菜友问道

Q1 我种的香菜发芽长出小叶子后，茎长了很容易倒伏，这时是不是应该要移植把茎埋深一点或补土呢？

A1 若非徒长现象，香菜的幼苗期茎较长，因此倒伏是正常的现象。宜使用喷雾式浇水，等它再长到一定程度，就不会有这样的情况发生了，但要特别注意日照要充足。

Q2 听说种过香菜的土，不能再种同类的植物如芹菜，那二者可以一起种吗？

A2 香菜忌连作，因此同一盆土不可以连续栽种。若与同属伞形花科的芹菜一起栽种也可以，但居家栽种不建议。

Q3 可以把从菜市场买来的含根香菜直接种到土里吗？

A3 将叶茎剪掉剩5厘米，栽种到土里，保持土壤的湿润就可以存活。但香菜属于短期作物，30～40天即可采收，因此直接播种栽种就可以了。

芹菜

一年生草本

别名 》香芹、旱芹、药芹

科名 》伞形花科

栽种难易度》★

栽种月份表	1月	2月	3月	4月	5月	6月	7月	8月	9月	10月	11月	12月

栽种 ▶ 10月至翌年4月

追肥 ▶ 栽种后14天

采收 ▶ 栽种后40～45天

✿ 特征▶▶▶

· 芹菜有其独特的香味，常用来炖煮、炒食或是色拉凉拌。

· 芹菜性喜冷凉，15～22℃最适合栽种优良芹菜。因芹菜属喜肥性蔬菜，栽培时除基肥外，追肥亦不可间断。**芹菜属浅根性蔬菜**，居家栽培时，应注意**选择通气性佳且排水良好的土壤栽培。**

· 栽培种分为本地芹与西芹。本地芹叶柄细长中空，香味浓，以炒煮食为主。而西芹叶柄粗而厚，实心多肉，以生食为主，亦可炒煮食。

绿手指小百科

播种	秋、冬季至来年春季（10月至翌年4月）。
疏苗	无。
追肥	播种后14天施一次有机肥，之后每7天追肥一次。
日照	性喜冷凉，半日照即可。
水分	保持土壤湿润且排水良好。
繁殖	点播种子。
采收	播种后40～45天即可采收。
食用	全株。

栽种步骤 ▶▶▶

1 取种子
取适量的芹菜种子。

▲大约10天后，芹菜生长得直挺翠绿。

3 覆土并浇水
放入种子后轻轻覆上一层厚约1厘米的薄土，并浇透水，<u>至发芽前要保证土壤的湿润度</u>。4～5天后，就开始发芽。

4 追肥
14天后追肥，将有机肥轻洒在植株的四周，<u>避免碰到根茎而造成肥伤</u>；施肥后以薄土覆盖。之后每7天追肥一次。

2 点播种子
以矿泉水瓶瓶盖（约直径2厘米）压在土壤上，每一洞平均撒入8颗芹菜种子，<u>每穴间距约10厘米。</u>

5 成长
当芹菜长到约30厘米时，建议做防风措施，以避免植株倾倒。

6采收
约40天后就差不多可以采收了。

QA菜友问道

Q1　听说芹菜用撒种播种生长会比较慢？

A1　芹菜撒种子播种确实生长会比较慢，所以一般建议买菜苗来种植会比较快。芹菜非常需要水分，要确保水分充足。

Q2　山芹菜是芹菜的一种吗？

A2　山芹菜也是同属伞形花科多年生草本，又名鸭儿芹，是属于野菜类，口感和芹菜不太一样，香味也很特别。

你一定要知道的
种菜小常识

芹菜有严重的连作障碍，所以同样的土壤种了芹菜之后，就要换其他土壤种植；或是同样的土壤要经过几年之后才能再种芹菜。

韭菜

多年生草本

别名 》懒人菜、起阳韭、长生韭

科名 》葱科

栽种难易度 》★

栽种月份表	1月	2月	3月	4月	5月	6月	7月	8月	9月	10月	11月	12月

栽种▶1～12月

追肥▶栽种后10天

采收▶栽种后70～80天

🌱 特征 ▶▶▶

- 韭菜是多年生草本植物，每割取一次，又会再行生长，所以《说文解字》说："一种而九，故谓之韭"为长长久久的意思。由唐代杜甫的诗句"夜雨剪春韭，新炊间黄粱"，可知韭菜自古以来就有栽培了。

- 一般家庭种韭菜一期可维持2～3年，每35～45天（高20厘米左右即可剪或割取，留下2～3厘米）可采收一次，只要在日照充足的环境，加上定期的追肥（每次采收后追肥）就能轻易栽种出新鲜的韭菜。

绿手指小百科

播种	四季皆可，春、秋季最佳。
疏苗	无。
追肥	播种后10天施肥，之后每10天再追肥一次。
日照	日照需充足。
水分	土壤干后再浇水。
繁殖	点播种子。
采收	70～80天采收，之后每35～45天可再采收，可连续采收两年。
食用	茎叶。

1 取种子
取5~7颗韭菜的种子。

2 点播种子
在土壤上用手指挖出一个洞，直径约3厘米，放入5~7颗韭菜种子。

▲洞的直径约3厘米。

3 覆土并浇水
放入种子后轻轻覆上一层薄土，并轻洒水至浇透。

◀生长20天的韭菜。

▼生长第40天。

4 发芽
待5~7天后，韭菜就会开始发芽。

5 生长期要施肥
播种后10天施肥，之后每10天再追肥一次。韭菜人称"万年菜"，只要注意保持土壤湿润、施足有机肥，非常容易存活。

6 采收

播种后70~80天可采收，之后再过约40天可再采收，<u>可连续采收两年以上。</u>

QA 菜友问道

Q1 请问韭黄跟韭菜是什么关系？是不同的品种吗？

A1 韭黄其实就是韭菜，只是在韭菜生长的过程中，刻意让韭菜不受到阳光的照射，以人工方式遮挡光线，造成韭菜颜色黄化，口感软嫩，即是韭黄。而绿韭菜在抽薹长出花苞时，趁花苞尚未饱满即割取，就是韭菜花。

Q2 为什么我家的韭菜割过一次后，就长不起来了？

A2 韭菜每次采收要割到底（留2~3厘米）。要注意保持土壤湿润，但是不能太潮湿，阳光要充足，才会长得好。韭菜是很好种的蔬菜，既耐寒也耐热，韧性相当强。在多次采收后，茎叶渐小，故2~3年后须更新或挖起换土重种。

第四章

叶菜类

栽种步骤大图解

10种叶菜类蔬菜，只要30天就能采收！

跟着一步一步图解栽种步骤，

你也可以在自家阳台、楼顶，

开始享受种菜收成的乐趣！

地瓜叶

多年生蔓性、矮性草本

别名 》番薯叶、甘薯叶

科名 》旋花科

栽种难易度》★

栽种月份表

	1月	2月	3月	4月	5月	6月	7月	8月	9月	10月	11月	12月

栽种▶1~12月

追肥▶栽种后14天

采收▶栽种后30~40天

🌱 特征 ▶▶▶

- 地瓜叶有蔓性与矮性种，叶呈心形，地下长块根，营养价值极高。
- 早期地瓜叶是种给猪吃的，因此也称"猪叶"或"猪菜"，由此可见地瓜叶是一种很容易栽培的家庭蔬菜。
- 地瓜叶含大量叶绿素，植物纤维，维生素A、维生素B群、维生素C以及白色汁液，能促进肠胃蠕动，降低胆固醇，**防止心血管疾病**，营养价值高。
- 现代人饮食中不乏大鱼大肉，为了追求健康营养，地瓜叶反而成为蔬菜中的宠儿。

绿手指小百科

播种	全年，但以3~10月，春、夏季最适合。
疏苗	无。
追肥	扦插后14天或每次采收后追加有机肥。
日照	日照须充足。
水分	保持土壤的湿润及排水良好。避开中午时间浇水，以早晨或傍晚最好。
繁殖	扦插繁殖。
采收	30~40天即可采收。
食用	全株茎叶皆可食用。

 **栽种步骤▸▸▸**

▲选有侧芽的枝条，有利生长。

1 **挑选枝条**
取15～20厘米的健壮枝条进行扦插。选择有侧芽的枝条较有利于植株的生长。

2 **拔除叶片**
拔除枝条上多余的叶片再扦插，可避免水分流失。

3 **斜角扦插**
将枝条斜插到土里，深度约3个节点的长度。稍稍倾斜角度扦插，有利根部的生长。

4 **注意间距**
以一个成人拳头的宽度间距进行扦插种植，扦插后要浇水，若天气炎热，要移至阴凉处或有遮阴的地方，以利于长根。

5 **生长**
扦插后约10天，地瓜叶已经长根，侧芽也开始长出新叶子了，生长非常迅速。

▲地瓜叶生长40天，追肥。

6 施肥

<u>扦插后约两个星期开始施有机肥，</u>之后每采收一次追肥一次。

你一定要知道的
种菜小常识

扦插种植小贴士

地瓜叶在采收数次后，若发现老叶或黄叶多，可以直接剪除，保留土上约10厘米的茎即可，让它重新生长促生新枝、长出嫩叶。

在夏日扦插时，因天气炎热，而扦插的地瓜叶尚未长根成熟，需移至阴凉处或有遮蔽物处，否则不易存活。

7 采收

扦插后30～40天就可以陆续采收了。

QA 菜友问道

Q1　采收地瓜叶时，要连茎一起采收还是只采收叶子？可用手直接摘取吗？

A1　地瓜叶只要摘取嫩茎叶的部分食用即可，用手或剪刀摘取皆可，视个人习惯。

Q2　我种的地瓜叶为什么叶子会黄黄的？是生病了吗？该怎么办？

A2　地瓜叶叶子黄化有很多原因，有可能是病毒借由浇水停留在叶面上造成感染，所以浇水时最好直接浇于土壤上，不要浇在叶面上，尤其是天凉季节，更容易产生病菌。

红背菜

多年生草本

别名 》 紫背菜、补血菜、妇女菜

科名 》 菊科

栽种难易度》 ★

栽种月份表	1月	2月	3月	4月	5月	6月	7月	8月	9月	10月	11月	12月
						栽种▶1~12月						
	追肥▶栽种后14天											
	采收▶栽种后30~40天											

🌱 特征 ▶▶▶

· 在乡下的庭院、墙角常会看到红背菜，因为其具**耐阴的特性**，所以**可利用一些光线较弱的地方栽种**，很适合在自家阳台少量栽培。

· 红背菜大致可分为圆叶和尖叶两种。圆叶种有蔓性，需较大的栽种面积，若栽种面积不大，可选用尖叶种来栽种。

· 红背菜生命力强、易栽培，全年都可栽种，尤其秋、春季更是适合栽种。夏天可使用遮阳网50％减光，冬天以防风网挡风，一样也能培育出好吃健康的红背菜。

· 红背菜除了众所皆知的**补血功能**外，还可预防高血压、支气管炎，所以不只适合女性食用，对年长者也有不错的效果。

绿手指小百科

播种	全年，尤其以春、秋季品质较好。
蔬苗	无。
追肥	扦插后14天，或每次采收后追施有机肥。
日照	耐阴性强，日照稍不足也能生长。
水分	需保持土壤的湿润及排水良好。避开中午时间，以早晨或傍晚浇水最好。
繁殖	扦插繁殖。
采收	30~40天即可采收。
食用	全株茎叶皆可食用。

栽种步骤 ▶▶▶

1 挑选枝条

挑选15～20厘米的粗壮枝条进行扦插。枝条最好有侧芽，可以加速生长。

▲有侧芽的枝条，可加速生长。

2 拔除叶子

拔除红背菜多余的叶片，避免水分流失。欲插入土的部位（约从下而上第三个节点处）叶子都要拔除掉，以利扦插。

3 斜角扦插

将红背菜的枝条斜插到土里，稍稍倾斜角度扦插有利根部的发展，要保持土壤湿润。

4 注意间距

以一个成人拳头的宽度间距进行扦插种植，扦插后要浇水并浇透。

5 生长新叶

两周后会开始长根及长出新叶。<u>扦插后约两星期开始施有机肥</u>，之后每次采收后再追肥一次。

▲两周后长出根的样貌。

6 成长后采收

扦插后30~40天就可以陆续采收了。

你一定要知道的
种菜小常识

扦插时
避免阳光直射

红背菜在扦插时若遇天气炎热可用遮阳网（也可用厚纸板或纸箱）遮光，避免阳光直射，因其尚未长根容易死亡。

QA 菜友问道

Q1 为什么扦插初期不能马上施肥，要等两个星期后呢？

A1 植物在扦插后10~14天会长细根，此时应避免细根受到肥伤；等植株长根较多之后（14~20天）再开始追肥，之后每采收一次就追肥一次，以补充养分。

Q2 为什么在夏天时，红背菜会"垂头丧气"的？

A2 因为夏日炎热，气温较高，造成红背菜的水分散发过快，红背菜就会"垂头丧气"；但是在傍晚浇水以后，植物会行呼吸作用，红背菜又自然直挺了。

▲红背菜缺水状态。

空心菜

一年生蔓性草本

别名 》蕹菜、竹叶菜

科名 》旋花科

栽种难易度 》★

栽种月份表

1月	2月	3月	4月	5月	6月	7月	8月	9月	10月	11月	12月

栽种▶3～10月

疏苗▶栽种后10天

追肥▶栽种后7～10天

采收▶栽种后30～35天

🌷 特征 ▸▸▸

· 属热带植物，喜欢高温湿润以及长日照环境，为夏季主要蔬菜之一。

· 播种后30～35天即可采收，剪嫩茎叶食用，采收时留下约5厘米基部继续种植，则可连续采收数次，相当适合家庭栽培。

· 生命力强，可土栽也可水栽，堪称"两栖植物"。

· 蛋白质、钙含量丰富，并含有大量维生素以及纤维，是一种营养丰富的蔬菜。

绿手指小百科

播种	适合于3～10月栽种。
疏苗	播种后10天，保持株距至少2厘米。
追肥	栽种前施有机肥当基肥（底肥），第一次采收后追肥，7～10天再追肥一次。
日照	日照须充足，并且在通风的环境下栽种。
水分	可以水栽，喜欢湿润土壤，所以要保持土壤湿润。
繁殖	可以条播或撒播直接播种。
采收	30～35天即可全株采收或采收嫩茎叶，留下约5厘米根茎部继续种植，之后则可连续采收。
食用	全株皆可食用。

 **栽种步骤** ▶▶▶

1 取种子先泡水
取适量种子，于前一晚先泡水，隔日早上再播种，可加速发芽速度。

2 条播种子
采用条播法种植。在土上划一条约3厘米宽、1厘米深的浅沟，将种子沿浅沟播种，种植的菜就会整齐排列。

3 覆土后浇水
播种后轻覆厚约1厘米的薄土，必须马上浇水并且放置于阴凉通风的环境。

4 发芽后可疏苗
播种后约2天，即可看到种子发芽。5～7天，已长出2片子叶，若植株太密可适时疏苗。长出绿叶后必须有充足的日照进行光合作用。

5 生长期要施肥
空心菜属于短期叶菜类蔬菜，当本叶长出4～6片时，可以在根部附近或表土上适量施以有机肥。

◄ 采收后留下约5厘米的茎部继续生长。

6 采收

大约在30天后，就可以采收。采收<u>可剪取土上约5厘米以上的茎叶食用，空心菜可再自行生长</u>，若生长得宜，可以连续采收数次。

QA 菜友问道

Q1　我的空心菜种起来稀疏歪斜，要如何改善呢？

A1　空心菜建议播种时可以多撒一点种子，但也不能太密。只要不影响生长，撒多点种子，细长的空心菜可以相互倚靠，大约2厘米的间距都是可以的。施肥时可以把肥料埋进土里，以减少蚊虫滋生。

Q2　以水栽法栽种的空心菜与土栽法有何差别呢？

A2　水栽空心菜大约只能采收两次，就要重新再扦插种植，不像土栽法的收成次数较多。

你一定要知道的
种菜小常识

　　空心菜喜欢湿润土壤，因此要保持土壤湿润，不宜过度长时间干燥。尤其在高温高热的夏天，土壤过于干燥会影响空心菜生长。可使用自动滴水灌溉保持土壤水分。

小白菜

一年生草本

别名 》白菜、黄金白菜、背山白菜、土白菜

科名 》十字花科

栽种难易度 》★

栽种月份表	1月	2月	3月	4月	5月	6月	7月	8月	9月	10月	11月	12月
						栽种▶1~12月						
	疏苗▶栽种后7天											
	追肥▶栽种后12天											
	采收▶栽种后25~30天											

🌼 特征 ▸▸▸

· 白菜的品种繁多，可分为不结球白菜与结球白菜两大类。不结球白菜我们统称"小白菜"，而结球白菜我们称之为"大白菜"。

· 小白菜全年可栽种，成长速度快（25~30天），但**虫害十分严重，因此农药残留比例过高，要特别小心。**

· 口感佳、烹调方式多样，是我们常吃的蔬菜之一。非常适合在家自种安心小白菜，可以现采鲜吃。

· 小白菜富含矿物质，能促进骨骼生长、加速身体新陈代谢、增强身体造血功能，含有的胡萝卜素、烟酸等成分能舒缓紧张情绪。

绿手指小百科

播种	全年皆可栽种，尤其以春、秋季质量较佳。
疏苗	约7天（2~3片叶子）进行第一次疏苗，第12天（4~5片叶子）进行第二次疏苗，每株间距8~12厘米。
追肥	约12天（4~5片叶子），施有机肥。
日照	全日照。
水分	必须保持土壤的湿润及排水良好。
繁殖	撒播种子。
采收	25~30天即可全株采收。
食用	全株茎皆可食用。

🥦 栽种步骤 ▶▶▶

1 挑选种子
检查种子是否完整无损伤，尽量挑选大颗的种子。

2 撒播种子
以撒播的方式播种，大约以1厘米一颗种子的间距撒播。

3 覆土后浇水
播种后覆厚约0.5厘米薄土，可防止种子因浇水而被冲散。覆土后必须马上浇水。

4 发芽
播种后1～2天，就可以看到种子发芽。

5 疏苗
约7天长至2～3片叶子时，进行第一次疏苗。到第12天或长4～5片叶子时，视状况进行第二次疏苗，每株间距8～12厘米。

▲ 疏苗前：植株间过于拥挤，会影响植株成长，所以要进行蔬苗。

▲ 疏苗后：植株间的空间变大，小白菜才有生长的空间。

6 追肥
大约12天就会开始快速成长。当本叶长出4～5片时，就要适量施以有机肥。

7 成长

大约20天后，小白菜就长得很茂盛了。

8 采收

从播种后到25天，小白菜就可以采收了！

你一定要知道的
种菜小常识

播种后
一定要覆土

　　小白菜的种子从播种到发芽期间，只需吸足水分，不太需要光照或只需微弱光照，因此覆土也有减弱光照的作用。覆土后将土彻底浇湿，尽可能在阴暗通风的环境下让种子发芽，等长2片叶子后再移到有阳光的地方让植株生长。

QA 菜友问道

Q1 为什么我的小白菜都有浇水施肥，可是叶子却黄掉了？

A1 小白菜生长14～20天后，常会有叶片黄化的现象产生。造成黄化的原因大部分是缺肥，若此时才开始追肥可能为时已晚，因此应在播种前就要施用有机肥作基肥。

Q2 为什么要疏苗呢？这样会不会造成浪费？

A2 播种的数量通常会多于最后采收的数量，因为我们无法确定种子的发芽率与成长后的状况，因此疏苗的时候，只需保留健壮的植株，让植株彼此有适当的空间生长，也可让植株透气通风，减少病虫害发生。若此时疏苗的分量够，可以拿来食用就不会觉得浪费了。

菠菜

一年生草本

别名 》红根菜、鹦鹉菜

科名 》藜科

栽种难易度》★★

栽种月份表

	1月	2月	3月	4月	5月	6月	7月	8月	9月	10月	11月	12月

栽种▶9月至翌年3月

疏苗▶栽种后10～14天

追肥▶栽种后12～15天

采收▶栽种后35～40天

🌷 特征 ▸▸▸

· 原产于波斯（现在的伊朗），因此菠菜也被称为"波斯"，大约于汉朝时期传入中国。

· 菠菜的**营养价值高**，富含胡萝卜素、维生素B_1、B_2、C，亦含大量钙、铁、矿物质。早年动画片《大力水手》就以菠菜的营养价值，来鼓励小朋友多吃蔬菜，现在已是人人皆知的蔬菜之一。

· 菠菜性喜冷凉，生长适温18～22℃，过冷（15℃以下）或过热均会影响其生长，易使菠菜提早老化或停滞生长。

绿手指小百科

播种	春、秋、冬三季栽培。
疏苗	第一次疏苗在栽种后10～14天（2片叶子），之后视状况进行第二次疏苗。
追肥	栽种后12～15天，（3～4片叶子），适量施以有机肥。
日照	性喜冷凉，日照时间过长容易抽薹开花；对光线敏感，因此栽培时，夜间要避开灯光。
水分	土壤干后再浇水。菠菜不喜欢过湿，要注意浇水不过量。
繁殖	撒播种子。
采收	35～40天即可全株采收。
食用	全株皆可食用，根部营养丰富不宜去除。

🥬 栽种步骤 ▸▸▸

1 买种子

一般市售菠菜种子有两种颜色，一种是带有杀菌剂的粉红色，另一种是不含化学药剂的原色种子。

2 浸泡种子

菠菜的种子最好在前一天先泡水，可缩短发芽的时间，浸泡时间8～12小时即可。

3 点播种子

将种子以约10厘米的间距直播于土壤上，同一点种下3～5颗种子。

▲覆上一层薄土后浇水，保持土壤湿润。

4 发芽后疏苗

3～5天后，开始长出小小绿芽。<u>10～14天后就可以开始疏苗</u>，等长出3～4片叶子时，视状况进行第二次疏苗，将有黄叶或子叶不完整的幼苗摘除。

5 生长期可追肥

菠菜属于短期叶菜类，每周少量施肥一次。约14天后当本叶长出3～4片时，可以在根部附近或表土上，适量施以有机粒肥。

6 生长期注意浇水

菠菜性喜冷凉，忌高温潮湿，所以<u>生长期应在上午浇水</u>，保持土壤全天湿润，切勿浇水过量。

▲生长约15天。

▲生长约20天。

7 采收

25天之后就生长茂密，此时可以先间拔部分食用。35~40天后，菠菜就可以收成了。

QA 菜友问道

Q1　菠菜的种子一定要先浸泡吗？不浸泡可以吗？

A1　如果省略种子浸泡的步骤，种子还是会发芽，只是发芽的时间会较久，而且植株的生长速度会不一致。

Q2　菠菜种子有两种颜色，哪一种比较好呢？

A2　一般市面上菠菜的种子有两种，一种是带有粉红色的粉衣，另一种为原色的种子。粉红色的菠菜种子是因为添加杀菌剂等化学药剂，用以延长种子的保存期限及延迟发芽、避免被虫吃食。若想在家种植有机菠菜，建议最好挑选没有添加药剂的原色种子。

▲粉红色种子含有杀虫药剂。

▲原色种子不含化学药剂。

茼蒿

一、二年生草本

别名 》打某菜 、春菊、菊花菜

科名 》菊科

栽种难易度 》★

栽种月份表	1月	2月	3月	4月	5月	6月	7月	8月	9月	10月	11月	12月

栽种 ▶ 9月至翌年3月

疏苗 ▶ 栽种后10天

追肥 ▶ 栽种后10天

采收 ▶ 栽种后30～40天

🌱 特征 ▸▸▸

- 一年当中除了炎热的夏季外，其他季节都适合栽种茼蒿。

- 茼蒿又称为"打某菜"，因其叶片含有大量的水分，但一经热烫入锅，水分便会大量流出，原本一大把的菜只剩一小碟，因此老公以为老婆偷吃菜，就对老婆大打出手，"打某菜"就此得名。

- 茼蒿的茎和叶均可食用，营养价值高，尤其胡萝卜素的含量超过一般蔬菜，是高营养的鲜美绿叶菜，尤其在天冷的火锅季，更是餐桌上不可或缺的佳肴。

- 茼蒿含有一种**挥发性的精油以及胆碱等物质**，因此具有开胃健脾、降压补脑等功效；常食茼蒿，对咳嗽痰多、脾胃不和、记忆力减退、习惯性便秘等均有改善效果。

绿手指小百科

播种	秋、冬、春季播种，以秋、冬季品质最佳。
疏苗	播种后10天，生长1～2片叶时可适时疏苗。
追肥	生长期间每10天追肥一次，或少量多次追肥。
日照	全日照，日照充足生长良好。
水分	水分需求大，必须要充足。
繁殖	撒播种子。
采收	30～40天即可采收，可连续采收1～2次（视植株生长状况不一）。
食用	全株皆可食用。

1 浸泡种子
茼蒿种子播种前，可先泡水6～8小时。

2 撒播种子
以撒播的方式播种，均匀地轻撒于土壤上。

3 覆土并浇水
播种后轻轻覆上一层薄土。覆土后要轻洒水，并保持土壤的湿润。

4 发芽后疏苗
播种后3～4天，茼蒿开始发芽。生长到1～2片叶时，可以把互相重叠的部分疏苗，之后可视状况再做第二次疏苗。

5 生长期间要追肥
生长期间要<u>注意日照充足，以免造成茼蒿徒长</u>。生长期间每10天要追肥一次，尽量少量多次。

◀ 日照不足，造成徒长现象。

6 采收

经30～40天，茼蒿达20厘米且花薹未抽出前，即可采收。采收时可保留4～5片叶，施以液肥后侧芽会再继续生长。

QA 菜友问道

Q1 为什么茼蒿采收后要保留4～5片叶子？

A1 采收后保留4～5片嫩叶，让植株可以继续进行光合作用，就能再行生长，可以再采收数次。

Q2 为什么要在花薹尚未抽出前采收？

A2 茼蒿喜欢冷凉气候，气温在15～18℃最适宜栽种；若高温日照12小时以上，会提早抽薹开花，蔬菜开花表示要老化繁衍下一代，因此在未开花抽薹前采收的茼蒿较嫩，品质较好。

Q3 为什么我种的茼蒿长得不像市场上卖的那么好？

A2 秋播茼蒿常会因白天"秋老虎"的肆虐，使土壤干燥进而影响茼蒿生长，因此栽种茼蒿必须随时保持土壤湿润。冬天寒流来袭，气温在10℃以下，也会影响茼蒿的生长，此时需稍作防寒措施，可用透明塑料袋包覆四周，保持通风，作小型温室栽培。

▶ 可用透明塑料袋包覆四周，作防寒措施。

上海青

一年生草本

别名 》青江菜、汤匙菜、青梗白菜

科名 》十字花科

栽种难易度》★

栽种月份表	1月	2月	3月	4月	5月	6月	7月	8月	9月	10月	11月	12月

栽种▶1～12月

疏苗▶栽种后7天

追肥▶栽种后10天

采收▶栽种后25～35天

🌱 特征 ▶▶▶

· 一年四季皆可栽培。因其生长速度快，栽种能获得很大的成就感。适合居家栽种，初学者可于秋天播种，成功率较高。

· 含维生素C、维生素B_1、维生素B_2，β-胡萝卜素，钾，钙，铁，蛋白质等营养，据传有防癌效果，可防身体老化，滋润皮肤，且富含纤维，可以有效改善便秘；全株均可食，适合炒食或煮汤。

· 中医认为**唇舌干燥、牙龈肿胀出血**，多吃上海青可获得改善。

· 上海青的茎叶含有大量水分，若为有机上海青，则可直接生食暂时解渴。

绿手指小百科

播种	全年皆可栽种，尤其以春、秋、冬季品质较佳。
疏苗	约7天（2～3片叶子）进行第一次疏苗，第12天（4～5片叶子）进行第二次疏苗，每株间距8～12厘米。
追肥	本叶长出4～6片时，适量施以有机肥。
日照	全日照。
水分	必须保持土壤的湿润及排水良好。
繁殖	撒播种子。
采收	25～35天即可全株采收食用。
食用	全株茎叶皆可食用。

栽种步骤 ▶▶▶

1 取种子
取适量上海青的种子，准备播种。

2 撒播种子
以撒播的方式播种，每颗种子大约以1厘米的间距撒播。土壤<u>在播种前先施以基肥，后续不须追肥。</u>

3 覆土后浇水
播种后覆上薄薄一层土。覆土后必须马上浇水，保持土壤的湿润度及良好的排水性，<u>避开中午时间浇水，以早晨或傍晚为宜。</u>

4 发芽
1～2天后可以看到种子发芽。

▲疏苗前。

▲疏苗后。

5 第一次疏苗
约7天长成2～3片叶子时进行第一次疏苗，每株间距8～12厘米。

6 第二次疏苗
第12天长出4～5片叶子时，若植株间距仍生长太密，可以在此时进行第二次的疏苗间拔。

7 施肥

上海青属于短期叶菜类，播种前施基肥，不须追肥。若需施肥，当本叶长出4～6片时，可以在根部附近或表土上，适量施以有机肥 。

8 采收

在25～35天后，就可以采收。

QA 菜友问道

Q1　为什么我的上海青还没采收就开始黄叶了？

A2　导致菜叶黄化的因素很多，除了自然老化还有可能是浇水过多或缺肥，尤其是家庭式栽培用的是培养土，保水与保肥力有限，所以建议添加1/3左右的一般土与培养土混合使用，可改善保水、保肥力。

Q2　市面上有一种跟上海青很像的蔬菜，但为紫色叶片，跟上海青是同一种吗？

A2　这种紫色叶片是上海青的新品种，名叫"紫叶上海青"，为进口的稀有品种，市面上也有种子在出售。

芥蓝菜

一年生草本

别名 》 绿叶甘蓝、格蓝菜

科名 》 十字花科

栽种难易度 》 ★

栽种月份表	1月	2月	3月	4月	5月	6月	7月	8月	9月	10月	11月	12月

栽种 ▶ 1～12月

| |
疏苗 ▶ 栽种后7天

|
追肥 ▶ 栽种后12天

采收 ▶ 栽种后30～40天

🌷 特征 ▸▸▸

· 一年四季均能栽种，生性强健，适应能力及抗病能力都很强，很适合居家栽种。

· 属十字花科植物，**虫害严重**，所以购买非有机芥蓝菜时，**若叶面完整无小洞，则农药残留率相对较高。**

· 多吃芥蓝能清洁血液，增强癌症抵抗力，促进皮肤新陈代谢，是自然养颜圣品。其富含维生素A、维生素B群、维生素C及各种矿物质，例如磷、钾、钙、镁、钠、铁、锌等。

绿手指小百科

播种	全年皆可栽种，尤其以春、秋、冬季品质较佳。
疏苗	约7天（2～3片叶子）进行第一次疏苗，第20天（4～5片叶子）进行第二次疏苗，每株间距8～12厘米。
追肥	本叶长出4～6片时，适量施以有机肥。
日照	全日照。
水分	必须保持土壤的湿润及排水良好。
繁殖	撒播种子。
采收	30～40天即可全株采收或摘收嫩叶、花薹食用。
食用	全株茎叶皆可食用。

 🥦 **栽种步骤** ▸▸▸

1 取种子
取适量芥蓝菜种子，准备播种。

2 撒播种子
以撒播的方式播种，每颗种子大约以1厘米的间距撒播。播种前也可以施以基肥，日后即不用再追肥。

3 覆土后浇水
播种后覆厚约0.5厘米的薄土，可防止种子因浇水而被冲散。覆土后必须马上浇水。要保持土壤的湿润度及良好的排水性。避开中午时间浇水，以早晨或傍晚为宜。

▲黄花芥蓝生长14～18天。

4 发芽后疏苗
播种1～2天后就可以看到种子发芽了。大约第7天长出2～3片叶子时，可进行第一次疏苗。

5 生长期间可施肥
芥蓝菜属于短期叶菜类，播种前施基肥，不须追肥或少量使用。若需施肥，当本叶长出4～6片时，可以在根部附近或表土上，适量施以有机肥。

6 第二次疏苗
生长第20天，可视状况进行第二次疏苗，每株间距8～12厘米。拔下的幼苗亦可食用。

7 采收

播种后30~40天，就可以陆续采收，黄花芥蓝菜可连续采收数次。

QA 菜友问道

Q1 芥蓝菜的花有黄色及白色两种，在食用上有什么差别吗？

A1 芥蓝菜有黄花及白花两个品种，在食用上白花芥蓝可以整株食用，要全株采收；黄花芥蓝则食用嫩茎叶的部分，可连续采收数次。

Q2 我的菜长得瘦高又细长，是营养不良吗？

A2 蔬菜的菜茎过于细长，是徒长现象，表示日照不足，或者水分过多，要从日照及水分进行改善。

幼苗徒长现象。▶

▲黄花芥蓝开花样貌。

木耳菜

一年生或多年生蔓性草本

别名 》皇宫菜、胭脂菜、落葵

科名 》落葵科

栽种难易度 》★

栽种月份表

1月	2月	3月	4月	5月	6月	7月	8月	9月	10月	11月	12月

栽种 ▶ 3~10月

疏苗 ▶ 栽种后10天

追肥 ▶ 栽种后14天

采收 ▶ 栽种后30~35天

🌷 特征 ▶▶▶

- 木耳菜就是一般俗称的"皇宫菜"，**生性强健，病虫害少**，极少施用农药，**是公认的安全蔬菜之一**。

- 性喜高温，生长适温为25~30℃；耐热、耐湿，对环境适应性强。

- 木耳菜有蔓性，可达数米长。茎叶肉质、光滑柔软，可直立生长，亦可沿支柱蔓生。栽种期间特别留意强风，长期受强风吹袭会影响生长，叶片会变薄，若居家楼顶栽种可架防风网挡住强风。

绿手指小百科

播种	春季播种，3~10月。
疏苗	约第10天（2~3片叶子）第一次疏苗；第20天视情况第二次疏苗。
追肥	播种后14天施肥于根周围再覆土。
日照	全日照。
水分	水分需求度高，要随时保持土壤湿润。
繁殖	播种或扦插。
采收	播种后30~35天即可采收。
食用	嫩茎叶。

栽种步骤 ▶▶▶

1 取种子
取适量的木耳菜种子。

2 点播种子
使用点播的方式，每一穴中放入3～5颗种子。

3 覆土并浇水
播种后轻轻覆上一层薄土。覆土后要轻洒水，并保持土壤的湿润。播种后3～5天，就会开始陆续发芽。

4 发芽后疏苗
播种后约<u>第10天（2～3片叶子）进行第一次疏苗</u>，待20天后再视情况进行第二次疏苗。

5 生长期可追肥

因采收期长，所以播种两周后应在根周围施肥料，每次采收之后再追肥，可少量多次。

▲生长约第20天。

▲生长约第25天。

6 采收

经30~35天即可采收嫩茎叶食用，之后每15~20天可再陆续采收。

▲生长约80天后，木耳菜开花样貌。

QA 菜友问道

Q1 木耳菜是用扦插还是播种的方式种植比较好？

A1 木耳菜直接扦插种植长根，需要10~14天的时间，之后才会开始长叶，25~30天可采收；若直接播种则同时长根长叶，成功率会较高。

Q2 木耳菜吃起来黏黏的很像川七菜，这黏液有什么作用吗？

A2 木耳菜特有的黏液对人体的胃壁有良好的保护作用，是对肠胃非常好的蔬菜。用麻油姜丝清炒木耳菜是相当美味的一道菜。

叶用莴苣

一、二年生草本

别名 》剑菜、鹅仔菜、媚仔菜、莴仔菜

科名 》菊科

栽种难易度 》★

栽种月份表

	1月	2月	3月	4月	5月	6月	7月	8月	9月	10月	11月	12月

栽种▶1～12月

疏苗▶栽种后7天

追肥▶栽种后14天

采收▶栽种后30～35天

❀ 特征 ▶▶▶

· 莴苣分为叶用莴苣与茎用莴苣。叶用莴苣有许多品种，都是常见的蔬菜。叶用莴苣的叶片有白色乳液，会分泌特殊气味，让虫不敢靠近，因此**栽培期不常使用农药，算是比较安全的蔬菜**。但要注意叶片一定要彻底清洗干净，避免将叶片上残留的虫卵、细菌吃进肚子里。

· 叶用莴苣又称"减肥生菜"，纤维含量高，深受女性朋友的喜爱。

绿手指小百科

播种	1～12月皆适合播种，以秋、冬、春季品质最好。
疏苗	播种后约7天可以开始进行第一次疏苗，第12天可以视生长状况再进行第二次疏苗。
追肥	播种后14天，每周再追肥一次。
日照	日照要良好。
水分	保持土壤湿润及排水良好。
繁殖	撒播种子。
采收	30～35天即可全株采收。
食用	全株皆可食用。

1 取种子
取适量的叶用莴苣种子，准备撒播。

2 撒播种子
取适量的种子，以撒播的方式将种子均匀地轻撒于土壤上。

3 浇水不覆土
叶用莴苣种子好光，所以播种后<u>不要覆土</u>，直接用洒水壶洒水于种子上，让种子充足地吸收水分，充分湿润。

4 发芽后再疏苗
播种后2~3天，叶用莴苣的嫩芽就冒出头了。大约播种后第7天，<u>长出两片子叶后时，可以进行第一次的疏苗</u>，将子叶发育不完整的幼苗摘除。

5 生长要施肥
大约12天的叶用莴苣，已经长出4~5片叶。此时，可以依生长状况做第二次的疏苗，摘除发育不健全的幼苗。<u>这时可以施有机肥一次，之后每7天再追肥一次。</u>

▲每7天追肥一次。

6 生长

叶用莴苣喜好冷凉气候，除盛夏外，其他季节栽种都能有好的收成。

▲生长20天的叶用莴苣。

▲生长25天的叶用莴苣。

▲生长25天的叶用莴苣。

7 采收

在30～35天后，叶用莴苣就可以采收了。

QA 菜友问道

Q1 为何我播种的叶用莴苣种子，已经数天了却还没发芽？

A1 叶用莴苣喜欢冷凉的环境，尤其温度在18～22℃最适宜。叶用莴苣种子有适光性，因此不宜覆土。播种后要将种子充分浇湿，移至阴凉处或盖上报纸防止太阳直接照射，等种子发芽后再移至阳光下生长。

Q2 叶用莴苣可以种植后不采收，让它结果再收集种子吗？

A2 叶用莴苣开花之后会结果实，可剪取一段已结果的枝条，在纸上或布上轻轻敲打枝条，种子就会自行掉落。收集之后放置冰箱冷藏，若保存良好可以存放两年。如超过两年或存放不当，种子的发芽率不佳。

Q3 听说叶用莴苣是伤害人体最大的蔬菜，为什么呢？

A3 提到叶用莴苣就会联想到生菜，叶用莴苣栽培不需使用农药，但是直接生吃反而成为隐忧。吃生菜沙拉前最好能彻底清洗每片叶片。根据统计，清洗叶片约需冲洗30分钟才能将叶片上的细菌、虫卵彻底清洗干净，所以在外食用生菜沙拉要小心。

▲拔叶莴苣生长约80天后，可准备收集种子。

你一定要知道的
种菜小常识　　叶用莴苣品种大集合

油麦菜、尖叶莴苣、圆叶莴苣、皱叶莴苣、菊苣、萝蔓、福山莴苣、嫩叶莴苣、美生菜、立生莴苣、波斯顿莴苣等都算是莴苣类的蔬菜。

▲菊苣（明眼莴苣）（25天）

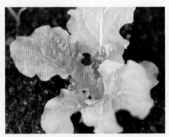

▲拔叶莴苣（20天）

▲油麦菜（25天）

▲福山莴苣（30天）

▲萝蔓（40天）

▲卷叶莴苣

本著作通过四川一览文化传播广告有限公司代理，由台湾广厦国际出版集团　苹果屋出版社有限公司授权出版中文简体字版，非经书面同意，不得以任何形式任意重制、转载。

图书在版编目 (CIP) 数据

放心蔬菜自己种 / 谢东奇著 . —福州：福建科学技术出版社，2017. 10（2020. 4 重印）

ISBN 978-7-5335-5399-9

Ⅰ . ①放… Ⅱ . ①谢… Ⅲ . ①蔬菜园艺 - 图解 Ⅳ . ① S63-64

中国版本图书馆 CIP 数据核字（2017）第 196763 号

书　　名	放心蔬菜自己种	
著　　者	谢东奇	
出版发行	海峡出版发行集团	
	福建科学技术出版社	
社　　址	福州市东水路76号（邮编350001）	
网　　址	www.fjstp.com	
经　　销	福建新华发行（集团）有限责任公司	
印　　刷	福州德安彩色印刷有限公司	
开　　本	787毫米×1092毫米　1/16	
印　　张	10	
图　　文	160码	
版　　次	2017年10月第1版	
印　　次	2020年4月第2次印刷	
书　　号	ISBN 978-7-5335-5399-9	
定　　价	53.00元	

书中如有印装质量问题，可直接向本社调换